高含硫气井井筒硫沉积评价

郭　肖　著

科学出版社

北　京

内 容 简 介

本书内容涵盖高含硫气井流体物性参数、元素硫溶解度、井筒硫沉积动态预测模型、高含硫气井井筒非稳态温度-压力模型以及井筒硫沉积动态预测实例分析研究。

本书可供从事油气田开发的研究人员、油藏工程师以及油气田开发管理人员参考，同时也可作为大专院校相关专业师生的参考书。

图书在版编目(CIP)数据

高含硫气井井筒硫沉积评价 / 郭肖著.—北京：科学出版社，2021.3
（高含硫气藏开发理论与实验丛书）
ISBN 978-7-03-067521-7

Ⅰ.①高… Ⅱ.①郭… Ⅲ.①高含硫原油-气井-井筒-硫-沉积-研究 Ⅳ.①TE37

中国版本图书馆 CIP 数据核字（2020）第 258236 号

责任编辑：罗 莉 陈 杰 / 责任校对：彭 映
责任印制：罗 科 / 封面设计：墨创文化

科 学 出 版 社 出版
北京东黄城根北街16号
邮政编码：100717
http://www.sciencep.com

四川煤田地质制图印刷厂 印刷
科学出版社发行 各地新华书店经销
*
2021 年 3 月第 一 版 开本：787×1092 1/16
2021 年 3 月第一次印刷 印张：11 1/4
字数：297 000

定价：149.00 元
（如有印装质量问题，我社负责调换）

序　言

四川盆地是我国现代天然气工业的摇篮，川东北地区高含硫气藏资源量丰富。我国相继在四川盆地发现并投产威远、卧龙河、中坝、磨溪、黄龙场、高峰场、龙岗、普光、安岳、元坝、罗家寨等含硫气田。含硫气藏开发普遍具有流体相变规律复杂、液态硫吸附储层伤害严重、硫沉积和边底水侵入的双重作用加速气井产量下降、水平井产能动态预测复杂、储层-井筒一体化模拟计算困难等一系列气藏工程问题。

油气藏地质及开发工程国家重点实验室高含硫气藏开发研究团队针对高含硫气藏开发的基础问题、科学问题和技术难题，长期从事高含硫气藏渗流物理实验与基础理论研究，采用物理模拟和数学模型相结合、宏观与微观相结合、理论与实践相结合的研究方法，采用"边设计-边研制-边研发-边研究-边实践"的研究思路，形成了基于实验研究、理论分析、软件研发与现场应用为一体的高含硫气藏开发研究体系，引领了我国高含硫气藏物理化学渗流理论与技术的发展，研究成果已为四川盆地川东北地区高含硫气藏安全高效开发发挥了重要支撑作用。

为了总结高含硫气藏开发渗流理论与实验技术，为大专院校相关专业师生、油气田开发研究人员、油藏工程师以及油气田开发管理人员提供参考，本研究团队历时多年编撰了"高含硫气藏开发理论与实验丛书"，该系列共有6个专题分册，分别为：《高含硫气藏硫沉积和水-岩反应机理研究》《高含硫气藏相对渗透率》《高含硫气藏液硫吸附对储层伤害的影响研究》《高含硫气井井筒硫沉积评价》《高含硫有水气藏水侵动态与水平井产能评价》以及《高含硫气藏储层-井筒一体化模拟》。丛书综合反映了油气藏地质及开发工程国家重点实验室在高含硫气藏开发渗流和实验方面的研究成果。

"高含硫气藏开发理论与实验丛书"的出版将为我国高含硫气藏开发工程的发展提供必要的理论基础和有力的技术支撑。

罗平亚

2020.03

i

前　　言

　　高含硫气井在开采过程中，随着井筒温度和压力不断下降，硫微粒在气相中的溶解度逐渐减小，在达到临界饱和态后将从气相中析出。若井筒中硫析出位置处的气流速度大于微粒临界悬浮速度，析出的硫微粒会被气流挟带出井筒。否则析出单质硫附着在井筒壁面形成硫垢，堵塞气体的流动通道，严重时造成气井停产。

　　井筒硫沉积受井筒温度、井筒压力、管内摩阻、井型、气体组成、气液产量、硫溶解度、流体物性参数以及生产工况等因素的影响。本书主要阐述高含硫气井流体物性参数、元素硫溶解度、井筒硫沉积动态预测模型、高含硫气井井筒非稳态温度-压力模型以及井筒硫沉积动态预测实例分析研究。本书理论与实际相结合，图文并茂，内容翔实。

　　本书的出版得到国家自然科学基金面上项目"考虑液硫吸附作用的高含硫气藏地层条件气-液硫相对渗透率实验与计算模型研究"(51874249)、国家重点研发计划子课题(2019YFC0312304-4)和四川省科技计划重点研发项目(2018JZ0079)资助，油气藏地质及开发工程国家重点实验室对本书的内容编写提出了有益建议，在此表示感谢。

　　笔者希望本书能为油气田开发研究人员、油藏工程师以及油气田开发管理人员提供参考，同时也可作为大专院校相关专业师生的参考书。限于编者的水平，本书难免存在不足和疏漏之处，恳请同行专家和读者批评指正，以便今后不断对其进行完善。

编者

2021 年 1 月

目　　录

第1章 绪　　论

　　含硫气藏在开发过程中有可能会面临单质硫从井筒中析出并发生沉积、堵塞井筒的问题，若堵塞时间久、积累量过大将会导致气井产量锐减甚至可能被迫停产。井筒硫析出及沉积是一个动态过程，当天然气从地层流向地面时，随着温度、压力的降低，硫的溶解度会不断减小，当达到临界条件时会导致硫颗粒从混合流体中析出并有可能吸附在井壁上堵塞井筒，改变井筒流体的正常流动状态。高含硫气井生产的关键是合理定产及对温度、压力的有效监测，因为井筒中的温度、压力影响着硫的溶解度；同时，硫的析出又会增加井径、改变流体组成及传热，进而改变井筒温度和压力。由于硫化氢具有严重的腐蚀性，导致井筒温度、压力监测工艺受到限制，同时对硫的一系列沉积动态缺少应有的监测手段，因此通过研究井筒流动模型、温度和压力预测模型以及硫沉积规律，进而预测硫沉积动态十分必要。

　　硫沉积的动态预测是涉及井筒流体流动规律、温度和压力变化等多场耦合的复杂问题，特别是随着生产的进行，高含硫气藏进入开发的中后期，由于累产量的不断升高，地层的亏损现象明显，会导致外来水、地层水流入井筒，使井筒的流体流动规律发生一系列变化，并且也会改变相应的温度和压力模型，直接影响硫的溶解度、析出及沉积模型。因此本书针对以上问题，着重解决产水气井的物性参数计算、硫沉积模型以及温度、压力模型的建立和求解，并以此预测井筒的硫沉积动态。

1.1　引　　言

　　高含硫气藏开采过程中，随地层压力和温度不断下降，当气体中元素硫含量达到饱和时，元素硫将以单体形式从载硫气体中析出，若结晶体微粒直径大于孔喉直径或气体挟带结晶体的能力低于元素硫结晶体的析出量，则会使元素硫发生物理沉积现象，见图1-1。另外，在原始地层温度、压力条件下，单质硫与硫化氢能发生可逆化学反应生成多硫化氢（$H_2S + S_x \rightleftharpoons H_2S_{x+1}$），气藏投产以前，反应处于平衡状态；气藏投产以后，随着气体的产出，地层压力不断降低，平衡被打破，反应向生成硫化氢和硫的方向移动，即不断地有硫和硫化氢以化学方式析出。

　　析出的硫在多孔介质中可能是液态或固态，见图1-2。如果地层温度大于119℃，元素硫就会以液态的形式析出，在地层中形成气-液硫两相渗流。由于液硫具有较大的密度和黏度，不会以相同的速度随着气流运移，在地层中占据了一定的孔隙空间，特别是在近井地带，硫的析出量较大，会对气体的渗流造成严重的影响。固态硫析出沉积会改变多孔介质的孔隙结构，引起孔隙度和渗透率的降低，即造成地层伤害。

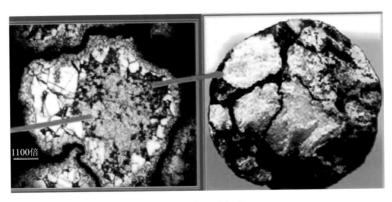

图 1-1　岩心硫沉积

图 1-2　固硫和液硫形态

　　高含硫气藏开采过程中，地层、井筒及地面管线因流体相变易发生硫沉积，见图 1-3。元素硫沉积带来了地层堵塞、生产管线堵塞和毁坏、设备表面污染、腐蚀等诸多问题。含硫气田采气难度随元素硫沉积量的增加而加大。地层硫沉积不可逆，硫沉积将严重影响气井后期产能。

　　我国华北油田的赵兰庄气藏，在 1976 年试采时因对高含硫气藏开发认识不足，储集层发生严重的硫沉积而被迫关井，至今尚未投产；重庆高峰场、龙门等气田不同程度出现硫沉积，硫与硫化氢、二氧化碳共同作用会严重地腐蚀和阻塞井筒、井口设备及地面管线，影响天然气井的安全生产；德国 17 个含硫气藏硫沉积的实例表明，硫沉积不仅导致地层堵塞、气井渗流能力下降、生产管线堵塞、设备表面污染、腐蚀等诸多问题，而且随着硫沉积量的增加其采气难度和安全风险增大；加拿大沃特顿（Waterton）气田，由于硫沉积的影响，产量在短短 6d 内就从 $32×10^4m^3·d^{-1}$ 降到 $20×10^4m^3·d^{-1}$；壳牌加拿大公司所属落基山脉地区的 Foothills 含硫气田，即使其中含硫量低于 $2g/m^3$ 的气井，不出数月也会发生"硫堵"，致使生产无法正常进行。

　　国外已有关于井筒硫沉积的报道（表 1-1）。例如，在美国密西西比州斯麦柯弗（Smakover）石灰岩地层中的一口气井，井底压力为 99MPa，温度为 198℃，气体组成为 H_2S 占 78%、CO_2 占 20%、N_2+CH_4 占 2%。此气井投产后由于井筒硫堵塞很快就被迫停产。又如加拿大阿尔伯塔省的 Bearbarry 气田，因为气体中析出的元素硫含量达到 $72\sim87g·m^{-3}$，而又无法被挟带出井筒，造成了气井堵塞停产。

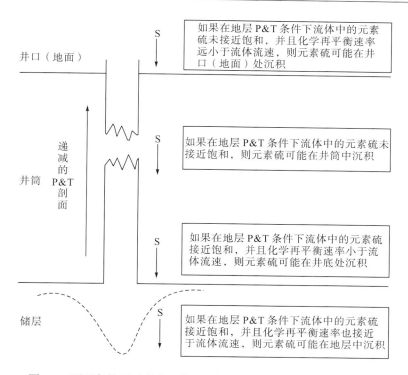

图 1-3　不同条件下元素硫可能沉积的位置［根据 Hyne（1983）修改］

表 1-1　国外高含硫气井开采过程中的井筒硫沉积实例

气田位置		H$_2$S/%	井底温度/℃	井底压力/MPa	备注
德国	Buchhorst	4.8	133.8	41.3	初期井底有液硫流动
加拿大	Devonian	10.4	102.2	42.04	干气，在井筒 4115～4267m 处产生硫沉积
	Crossfield	34.4	79.4	25.3	在有凝析液存在的情况下沉积
	Leduc	53.5	110.0	32.85	干气，在井筒 3352.8m 处沉积
美国	Josephine	78	198.9	98.42	估计气体挟带硫量为 120g/m^3，沉积量为 32g/m^3
	Murray Franklin	98	23.0～260.0	126.54	井底有液硫

1.2　井筒混合流体物性参数研究现状

1.2.1　偏差因子计算及校正方法

　　计算偏差因子的图版、经验方法和状态方程及校正模型已经有很多，因此，可以说该领域的研究已经比较成熟。但是，在油气田实际开发的过程中遇到的情况各不相同，十分复杂，因此，并没有任何一种方法能够应用于所有的生产情况。随着近些年我国不断加大对高含硫气藏的勘探开发力度，人们意识到，高含硫井筒中由于酸性气体含量较高，沿用之前的研究方法会造成物性参数的值偏差很大，相比于之前的研究这是一个较新的情况，而且其计算过程也不能应用于普通的气藏，适用性不够普遍，因此要对高含硫气体的偏差因子计算模型及校正方法进行对比，得到适用于高含硫产水气井的模型。

1972 年，Wichert 和 Aziz(1972)首先将参数 ε 加入到物性参数计算式中，通过 ε 来反映温度、压力和酸性气体对物性参数的影响，得到了更为准确的临界温度和临界压力。该方法首次考虑了用参数 ε 来修正酸性气体的影响。

1994 年，里群等(1994)选用 SRK、PR、PT 方程计算 PVT 数据，结果表明在计算酸气泡点、露点压力时，SRK、KT 方程适用性较好。

2008 年，杜志敏(2008)通过实验测定高含硫气体偏差因子，实验表明：酸性气体的偏差因子随温度的变化趋势并非保持固定。在低压范围内(压力小于 20MPa)，偏差因子随压力升高而减小，当压力超过该范围后，呈反向变化趋势。该变化趋势同常规气体偏差因子随温度、压力变化的基本趋势一致。

2014 年，陈亮等(2014)应用 BP 神经网络模型对偏差因子的计算方法进行研究，结果表明：当 CO_2 的含量低于 50%时，常规的偏差因子计算方法具有良好的应用性；但当 CO_2 的含量高于 50%时，该模型不再适用，需要采取其他的计算及校正方法。

2019 年，张立侠和郭春秋(2019)根据工程实际的需要建立了一种全新的计算偏差因子的公式，该公式的提出解决了偏差因子计算无法应用于整个压力区间的问题。但该方法并非针对高含硫气体的偏差因子计算。在气体中酸性气体成分较高时，仍需进行校正。

1.2.2   黏度计算及校正方法

1992 年，杨继盛(1992)对 L-Gonzalez 公式采用了全新的校正方法，并且证明了该方法具有一定的可靠性，新的校正方法是 Standing 校正法。

2016 年，杨晓鸿等(2016)基于气体分子运动理论得到了黏度、温度与密度的关系，并给出了求解天然气黏度的新模型，其中，该模型中的相关参数在实验数据的基础上进行了优化。

2017 年，郭肖和王彭(2017)根据普光酸性气田的实际生产气样设计了对应的实验无水气样和含水气样，同时进行了无水、含水酸性气体的 PVT 实验研究。结果表明，混合流体中的水组分对气体黏度有较大影响，主要表现为：低压条件下，温度越高，酸性气体中含水量越高，气体黏度越小；而在高压条件下，酸性气体的含水量对黏度的影响较小。该实验同时还证明了，酸性气体中含水对偏差因子的影响不大，可忽略不计。因此根据该文献的结论，可以忽略气体含水后偏差因子的变化。

1.2.3   水的物性参数

1993 年，田永生和陈听宽(1993)根据两相流动和传热研究的需要，提供了用于科研研究的水及水蒸气的物性参数的研究方法。

2005 年，樊普等(2005)开发了相应的程序，该程序可以完成对压力、热力学参数和动力黏度等参数的计算，通过实例计算验证该模型具备一定的应用空间。

2017 年，郭平等(2017)通过计算模拟，求得了不同状态下水的各种热力学性质，通过对比分析认为：常规的状态方程在计算极性热力学物性参数时存在缺陷。

2018 年，赵秋阳等(2018)建立了一种应用于超临界注入井筒内的传热计算模型，该模型对不同的流型选择不同的压降计算公式，并且分析了超临界蒸汽的物性参数对压降计算的影响。

综上可知，天然气物性参数研究方法十分成熟，经验图版和经验公式的使用提高了偏差因子和黏度等参数的计算精度，但高含硫产水气井井筒中酸性气体含量较高，且流体组成较为复杂，针对高含硫产水气井井筒中流体的物性参数应该通过实际组分模型应用不同计算方法进行计算及校正，然后与实验值相对比，优选计算及校正方法。

1.3　硫沉积模型研究现状

1960 年，Kennedy 和 Wieland(1960)针对硫颗粒的溶解度问题展开了实验。他分别在实验室测定了硫在 H_2S、CO_2 和 CH_4 三种气体中的溶解度，证实了不仅温度、压力会影响硫单质的溶解度，气体的组分也会影响其溶解度。但他并未给出能够应用于计算和预测的硫溶解度计算公式。

1971 年，Roof(1971)在温度为 43.3～110℃，压力为 6.8～30.6MPa 的条件下对硫颗粒的溶解度进行了测定。该实验表明，硫单质的溶解度受温度影响较大，且随着温度的升高而增大，但增大到临界位置时溶解度变化趋势与之前相反。

1982 年，Chrastil(1982)在理想溶液理论的基础上，提出了一个估算硫的溶解度的方法，它基于半经验的热力学方程理论。目前为止，该式在高压条件下对含硫气体的硫溶解度预测较为准确。但当生产条件为低压时，该方法的计算和预测精度存在较大误差。

2009 年，卞小强等(2009)对超临界酸性气体开展了研究，并建立了硫颗粒的溶解模型，对比实验数据，该模型具有较高的拟合精度。但是该模型在计算过程中存在局限性。

2011 年，付德奎等(2011)建立了硫沉积预测模型，通过研究他认为：硫沉积的规律受温度、压力和气井产量的影响。当产气量越大时，混合流体流动速度越大，流体的挟液挟固能力越强，越不容易发生硫沉积现象。这一结论给出了影响硫沉积最主要的几个因素。

2014 年，Hu 等(2014)建立了能够描述不同流体组分的含硫气体混合物在不同条件下硫溶解度变化的关系式。与 Roberts 溶解度公式相对比，该模型的计算结果与实测值更为接近。

2018 年，李长俊等(2018)为解决酸性气体在运输过程中的管道沉积问题，分析了不同理论模型的优劣，设计了硫溶解度的测试装置且完成了相关实验。但该实验只在低温低压的范围内进行，缺少在高温高压下对硫溶解度的测试和计算。

综上可知，元素硫的溶解度模型往往有一定的适用范围。对于国内特定的酸性气田，若不满足以往经验模型的适用范围，建议在热力学经验模型的基础上，根据特定气田的溶解度、气体组成、温度和压力等数据回归拟合。对于不同井型中硫的沉积规律，缺少有关硫的析出条件、析出位置、沉积条件以及沉积位置的研究。

1.4   井筒温度压力耦合模型研究进展

1.4.1   压力模型

压力模型的问题核心在于计算井筒混合流体的物性参数、摩阻系数等，而流体相态的不同是影响以上两个因素的关键，因此在建立压降模型时一般都分为单相压降模型和多相压降模型。

1883 年，Reynolds(1883)用圆管进行了单相流实验，证实了流速与压降的相关规律是与黏性流体的流型有关的，并提出了一个无量纲参数——雷诺数。雷诺数是后续研究流体流型及压降模型的理论基础。

由于单相流体在井筒流动时规律相对比较简单，因此压力模型的研究比较成熟。在单相流的基础上，多相流的压力模型研究分为了两个阶段，即"经验阶段"和"理论阶段"。进展如下：

1965 年，Hagedorn 和 Brown(1965)在实验基础上建立了气液两相管流的压降模型。

1967 年，Orkiszewski(1967)收集了油气开发现场的 148 口井的实际生产数据，建立了不同流型下的垂直管两相流压降计算方法，首次提出对流体流型进行判断并且对不同流型应用不同的压力计算方法。该方法也为日后井筒的压力计算方法提供了理论和实验依据。

1972 年，Aziz 等(1972)从理论出发建立了井筒压降模型，该模型基于流型判断基础并给出了不同流型摩阻系数计算方法。该方法主要针对摩阻压降的计算开展了研究。

1986 年，Hasan 和 Kabir(1986)、Dukler 和 Taitel 等(1986)开展了垂直两相管流实验研究，并根据流型的不同建立了持气率和摩阻系数的计算公式，从而计算压降。

2006 年，Zhang 和 Sarica(2006)建立了油气水井筒三相流体管流统一模型。研究发现：当流体在水平管道或者倾斜角度比较低的管道中流动时，油气水三相流体可以近似处理为气液两相流动，同时他们的实验数据也证实了该方法的合理性。

2007 年，杨志伦(2007)将多相流中的相关参数如密度、质量流量和摩阻系数等与稳定流动时的能量守恒方程相结合，得到了适用于产水量较低而产气量较高的气井井筒压力计算的模型。

2015 年，徐朝阳(2015)认为钻井过程中，井筒内流体相态及运动规律十分复杂，于是根据漂移模型建立了井筒的多相流瞬态流动模型。该模型主要应用于多相流流体不稳定状态时的压力计算。

2018 年，蔡利华(2018)针对井筒腐蚀与温度、压力的影响，建立了井筒中二氧化碳的分压剖面，并基于此模型编译了预测软件。

1.4.2　温度模型

目前对于井筒温度模型的研究都是在 Schlumberger 等(1937)关于井筒流体温度测试的基础上展开的。

1962 年，Ramey(1962)提出了著名的"Ramey 模型"，这是油气开发领域公认的井筒温度模型的基础。Ramey 模型把井筒划分成了三个系统，包括流体、井筒和地层。并且假设井筒流体的导热为稳态过程。

后续的井筒温度模型大都基于 Ramey 模型展开研究，其区别主要在于对几个传热区的传热假设不同。

1991 年，Hasan 和 Kabir(1991)提出了一个井筒瞬态温度模型。该模型在 Ramey 模型基础上进行了改进：①考虑了两相流对井筒温度的影响，扩大了模型的适用范围；②提出了焦耳-汤姆孙效应对井筒温度的影响；③得到了新的无因次时间函数 $f(t)$，把无因次时间进行了分段处理，极大地提高了模型的精度。但该模型仍将井筒-地层部分的导热考虑为稳态导热。

2006 年，薛秀敏等(2006)建立了适用于低产水气井井筒的温度计算模型，并对井口温度的敏感性进行了分析。

2009 年，金智荣(2008)考虑井筒中流体流动规律的变化，建立了硫析出和不析出时的井筒温度、压力预测模型，并得出结论：考虑硫析出时的温度模型更为准确。

2012 年，贾莎(2012)在之前的研究基础上，建立了适用于高含硫气井的气固两相温度、压力预测模型，该模型考虑了硫颗粒的溶解和析出。但该模型的建立并未考虑液硫的存在及地层水产出对温度、压力的影响。

2014 年，李波等(2014)基于漂移模型理论展开了大量的研究，优选了漂移模型的重要参数，在漂移模型的基础上建立了井筒温度和井筒压力耦合模型，并验证了该模型的正确性。

2014 年，杨雪山等(2014)综合考虑不同井筒井身结构的特点，建立了水平井筒的温度预测模型：该模型计算时包括了垂直段、造斜段和水平段，并根据井筒中实际的温度测量值与模型计算值进行对比，误差仅为 0.6%。

2017 年，陈林和余忠仁(2017)建立了非稳态温度压力模型，解决了气井在变产量的条件下温度和压降的计算问题。

1.4.3　温度-压力耦合模型

2015 年，郭建春和曾冀(2015)考虑井筒内温度、压力和 CO_2 物性参数之间的相互影响，建立了井筒非稳态温度-压力耦合模型。对井口注入温度、注入压力、产量、油管粗糙度对温度、压力的影响进行了敏感性分析。该模型较好地考虑了各种因素对耦合模型的影响，但该模型并非针对高含硫气井而建立的，难以直接应用到高含硫气井的温度-压力耦合计算。

2018 年，常彦荣等(2018)针对气井的积液问题建立了温度-压力耦合模型，通过该方法可以结合生产数据和井身结构计算井底的积液深度。

2018 年，金永进等(2018)为了解决计算注氮气井井筒温度和压力时遇到的特殊情况，根据能量平衡方程并应用四阶龙格-库塔迭代方法给出了温度、压力耦合下的井底流压计算方法，但该方法主要是针对两相流的情况。

井筒温度-压力耦合模型研究中，在建立温度模型时，应该考虑井筒中流体及地层部分的传热过程为非稳态传热，即温度随生产时间的变化而变化，而对于气井产水后气井中的流动为环雾流时液膜及硫垢对井筒中的传热影响研究较少。

在压力方程的研究中，已有一些关于气液固三相流动及压降方程的研究。而在高含硫气井中有可能出现的气-液硫-水和气-固硫-水等三相流体相态，还应继续研究其特性、流体流动相态以及硫垢和液膜对压降的影响等，将其他领域的三相流体管流模型应用于实践并改进，使其适用于高含硫气井中的流体流动规律。

第2章 高含硫气井流体物性参数

2.1 水的物性参数

2.1.1 水的比热

水处于常温常压的环境中其比热一般是定值，但在高含硫产水气井的井筒中，由于井筒部分温度和压力较高并且变化范围较大，因此水的比热值并非定值，通过查阅热力学手册，根据相关数据(表 2-1)拟合得到水的比热计算公式。

表 2-1 水的比热拟合数据

温度/℃	压力/kPa	比热/(J·kg⁻¹·K⁻¹)	计算比热/(J·kg⁻¹·K⁻¹)	相对误差
30	4.25	4178	3258.8	−0.22
35	5.63	4178	3175.3	−0.24
40	7.39	4179	3176.0	−0.24
45	9.60	4180	3135.0	−0.25
50	12.35	4181	3135.8	−0.25
55	15.76	4183	3179.1	−0.24
60	19.94	4185	3222.5	−0.23
65	25.03	4187	3265.9	−0.22
70	31.19	4190	3393.9	−0.19
75	38.58	4193	3480.2	−0.17
80	47.39	4197	3609.4	−0.14
85	57.83	4201	3738.9	−0.11
90	70.14	4206	3953.6	−0.06
95	84.55	4212	4169.9	−0.01
100	101.33	4217	4301.3	0.02
110	143.27	4229	4525.0	0.07
120	198.53	4244	4795.7	0.13
130	270.10	4263	5158.2	0.21
140	361.30	4286	5528.9	0.29
150	475.80	4311	5604.3	0.30

温度/℃	压力/kPa	比热/(J·kg⁻¹·K⁻¹)	计算比热/(J·kg⁻¹·K⁻¹)	相对误差
160	617.80	4340	5598.6	0.29
170	791.70	4370	5025.5	0.15
180	1002.10	4410	4718.7	0.07
190	1254.40	4460	4593.8	0.03
200	1533.80	4500	2565.0	-0.43

水的比热拟合公式为

$$c_{pw}=4181.944+0.142167T+0.198913p \qquad (2\text{-}1)$$

式中，c_{pw}——水的比热，J·kg⁻¹·K⁻¹；

$\quad\quad\ T$——井筒某一位置的温度，K；

$\quad\quad\ p$——井筒某一位置的压力，kPa。

由水的比热拟合结果(图 2-1)可知，拟合得到的水的比热计算公式在低温区段与实验值有一定的差别，但是在高温区段，拟合值与实验值十分接近，吻合度较高。因此，针对高含硫产水气井中高温、高压的特性，认为该拟合公式具有较高的精度。

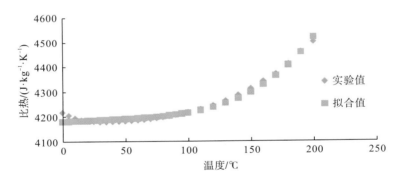

图 2-1 水的比热拟合结果

2.1.2 水的密度

同水的比热性质一样，水的密度在高温、高压下也与温度、压力呈现一定的关系，通过表 2-2 中的数据拟合得到关系式。

表 2-2 水的密度拟合数据

温度/℃	压力/kPa	密度/(kg·m⁻³)	计算密度/(kg·m⁻³)	相对误差/%
0.01	0.61	999.8	1008.3	-0.85
5	0.87	999.9	1005.9	-0.60
10	1.22	999.7	1003.6	-0.39

温度/℃	压力/kPa	密度/(kg·m⁻³)	计算密度/(kg·m⁻³)	相对误差/%
15	1.70	999.1	1001.2	-0.21
20	2.33	998	998.8	-0.08
25	3.17	997	996.4	0.06
30	4.25	996	994.1	0.20
35	5.63	994	991.6	0.24
40	7.39	992	989.2	0.28
45	9.60	990	986.8	0.32
50	12.35	988	984.4	0.37
60	19.94	983.3	979.4	0.40
70	31.19	977.5	974.3	0.33
75	38.58	974.7	971.7	0.31
80	47.39	971.8	969.0	0.29
85	57.83	968.1	966.3	0.19
90	70.14	965.3	963.5	0.19
95	84.55	961.5	960.6	0.09
100	101.33	957.9	957.6	0.02
110	143.27	950.6	951.5	-0.09
120	198.53	943.4	944.8	-0.15
130	270.10	934.6	937.6	-0.32
140	361.30	921.7	929.7	-0.86
150	475.80	916.6	920.9	-0.47
160	617.80	907.4	911.2	-0.41
170	791.70	897.7	900.3	-0.29
180	1002.10	887.3	888.1	-0.09
190	1254.40	876.4	874.5	0.22
200	1533.80	864.3	859.2	0.59

水的密度拟合公式为

$$\rho_w = 1008.313 - 0.47041T - 0.0353p \tag{2-2}$$

式中，ρ_w ——水的密度，$kg \cdot m^{-3}$。

地层水流入井筒后，如果水中的矿化度较高，需要在式(2-2)基础上进行修正，修正后得到矿化水密度为

$$\rho_{wb} = (1.083886 - 5.10546 \times 10^{-4}T - 3.06254 \times 10^{-6}T^2) \times 10^3 \tag{2-3}$$

式中，ρ_{wb} ——地层水的密度，$kg \cdot m^{-3}$。

水的密度拟合曲线如图 2-2 所示。

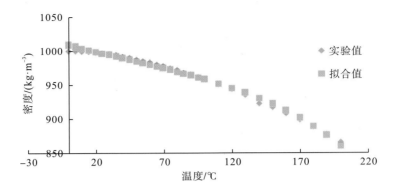

图 2-2　水的密度拟合曲线

2.1.3　水的黏度及比热系数

在确定井筒中的流动规律和计算井筒温度、压力时，水的黏度、导热系数等是十分重要的参数，特别是在位于准临界点附近时，水的黏度和比热系数变化范围很大，根据表格得到的数据误差很大。因此，本书依照水和蒸汽性质国际协会的瑞利斯公报，给出动力黏度的计算公式为

$$\mu_{\mathrm{w}}\left(\rho,T\right)=\mu_0\left(T\right)\exp\left[\frac{\rho}{\rho^*}\sum_{i=0}^{5}\sum_{j=0}^{4}b_{ij}\left(\frac{T^*}{T}-1\right)^{i}\left(\frac{\rho}{\rho^*}-1\right)^{j}\right] \tag{2-4}$$

其中，

$$\mu_0\left(T\right)=\left(\frac{T}{T^*}\right)^{1/2}\left[\sum_{k=0}^{3}a_k\left(\frac{T^*}{T}\right)^{k}\right]^{-1}\times10^{-6} \tag{2-5}$$

$$\rho^*=317.763\,\mathrm{kg\cdot m^{-3}},T^*=647.27\,\mathrm{K} \tag{2-6}$$

式中，μ_{w}——某温度、压力下水的黏度，mPa·s；

a_k、b_{ij}——系数。

式(2-4)、式(2-5)中的系数分别如表 2-3、表 2-4 所示。

表 2-3　式(2-4)中的系数 b_{ij}（横向为 i，纵向为 j）

	0	1	2	3	4	5
0	0.5021	0.1628	−0.1305	0.9081	−0.5512	0.1466
1	0.2357	0.7895	0.6736	1.2075	0.0672	−0.0844
2	−0.2747	−0.7436	−0.9594	−0.6874	−0.4972	0.1954
3	0.1459	0.2632	0.3473	0.2134	0.1006	−0.0328
4	−0.0271	−0.0254	−0.0269	−0.0823	0.0603	−0.0204

表 2-4　式 (2-5) 中的系数 a_k

系数	数值 (无因次)
a_0	0.0181584
a_1	0.0177625
a_2	0.0105286
a_3	−0.0036745

利用表 2-3、表 2-4 的数据，通过式 (2-4)、式 (2-5) 即可求出水的动力黏度。同时，在计算井筒温度时，需要计算水的导热系数：

$$\lambda_{\mathrm{w}}\left(\rho,T\right)=\lambda_0 \exp\left[\frac{\rho}{\rho^*}\sum_{i=0}^{5}\sum_{j=0}^{4}b_{ij}\left(\frac{T^*}{T}-1\right)^i\left(\frac{\rho_{\mathrm{w}}}{\rho^*}-1\right)^j\right]+\Delta\lambda \tag{2-7}$$

式中，λ_{w}——水的导热系数，$\mathrm{W\cdot m^{-1}\cdot K^{-1}}$。

其中，

$$\lambda_0=\left(\frac{T}{T^*}\right)^{\!\frac{1}{2}}\left[\sum_{k=0}^{3}a_k\left(\frac{T^*}{T}\right)^k\right]^{-1} \tag{2-8}$$

$$\Delta\lambda=\frac{C}{\mu}\left(\frac{T\rho^*}{T^*\rho}\right)\left[\frac{\partial\left(\rho/\rho^*\right)}{\partial\left(T/T^*\right)}\right]_{\rho}^2\cdot x_T^{\omega}\cdot\left(\frac{\rho}{\rho^*}\right)^{1/2}\exp\left[-A\left(\frac{T^*}{T}-1\right)^2-B\left(\frac{\rho}{\rho^*}-1\right)^4\right] \tag{2-9}$$

$$x_T=\left(\frac{\rho}{\rho^*}\right)\left[\partial\left(\frac{\rho}{\rho^*}\right)\Big/\partial\left(\frac{p}{p^*}\right)\right]_T \tag{2-10}$$

式 (2-4)～式 (2-10) 中，T^*、ρ^*、p^*、A、B、C、ω、a_k、b_{ij} 均为常数。

2.2　高含硫天然气物性参数

在建立温度、压力模型时，气体的物性参数是整个计算的基础。主要的物性参数计算包括：密度、偏差因子、黏度、比热及导热系数等。其中，偏差因子和黏度的计算相对复杂，这是因为气体组分不同，对应的计算方法和模型也不同。在应用不同模型进行计算时其计算结果也各不相同。一般情况下，通过实验手段测定得到的常规天然气的各项物性参数比较准确，但是开发高含硫气田的过程中，混合气体中所含的 H_2S 和 CO_2 组分通常较高，由于酸性气体的强腐蚀性和穿透性，导致实验难度大、危险性大、成本高。而通过经验公式计算酸性气体物性参数又与普通的天然气在物性参数的计算上存在一定的差别。因此，本书分析、对比不同的天然气物性参数计算方法和模型，通过 VB 编程得到计算值，并与实验值相对比，优选酸性气体的物性参数计算方法。

2.2.1 天然气密度

在生产时，气井井筒中流体以气体为主，气体的密度是计算温度压降的关键参数。通常情况下密度可按下式计算：

$$\rho_g = \frac{28.96\gamma_g p}{ZRT} = 3483.28\gamma_g \frac{p}{ZT} \tag{2-11}$$

式中，ρ_g——天然气密度，$kg \cdot m^{-3}$；

Z——气体偏差因子，无因次；

γ_g——天然气相对密度，无因次；

R——通用气体常数，$J \cdot mol^{-1} \cdot K^{-1}$。

其中，

$$\gamma_g = \frac{\sum\limits_{i=1}^{n} y_i M_i}{28.96} \tag{2-12}$$

式中，y_i——组分 i 的摩尔含量，%；

M_i——组分 i 的相对分子质量。

2.2.2 天然气拟临界参数

(1) 已知天然气组成时，有下面关系式：

$$p_{pc} = \sum y_i p_{ci}$$
$$T_{pc} = \sum y_i T_{ci} \tag{2-13}$$

式中，p_{pc}、T_{pc}——天然气的拟临界压力和拟临界温度，Pa、K；

p_{ci}、T_{ci}——组分 i 的临界压力和临界温度，Pa、K。

(2) 已知天然气相对密度时，对于干气：

当 $\gamma_g > 0.7$ 时，

$$p_{pc} = 4.881 - 0.3861 \times \gamma_g$$
$$T_{pc} = 92.2 + 176.6 \times \gamma_g \tag{2-14}$$

当 $\gamma_g < 0.7$ 时，

$$p_{pc} = 4.778 - 0.248 \times \gamma_g$$
$$T_{pc} = 92.2 + 176.6 \times \gamma_g \tag{2-15}$$

(3) 汪周华方法。受酸性气体的影响，流体的相对密度与 p_{pc}、T_{pc} 的相关性较低，因此需要分别计算两类气体的相对密度，再应用最小二乘法拟合，得到拟临界参数的计算方程：

$$p_{pc} = 4.868835046 + 4.2429784\gamma_g + 9.0114147\frac{\gamma_1}{\gamma_g}$$
$$- 12.813011\left(\frac{\gamma_1}{\gamma_g}\right)^2 + 0.0066471\left(\frac{\gamma_2}{\gamma_g}\right)^2 \tag{2-16}$$

$$T_{pc} = 240.9025631 + 229.32716\gamma_g - 132.3145\frac{\gamma_1}{\gamma_g}$$
$$- 32.999426\left(\frac{\gamma_1}{\gamma_g}\right)^2 - 260.97349\frac{\gamma_2}{\gamma_g} + 0.0001304\left(\frac{\gamma_2}{\gamma_g}\right)^2 \tag{2-17}$$

式中, γ_1——非酸性气体相对密度, 无因次;

γ_2——酸性气体相对密度, 无因次。

2.2.3 天然气偏差因子

在调研的基础上, 本书将 DPR 模型和 HY 模型分别通过 WA 和 CKB 校正法校正, 得到的四组数值分别与实验值对比, 选取与高含硫气藏气体偏差因子实测值最为接近的计算及校正方法作为本书选用的计算 Z 的方法。

1. Dranchuk-Purvis-Robinson(DPR)方法

$$Z = 1 + \left(A_1 + \frac{A_2}{T_{pr}} + \frac{A_3}{T_{pr}^3}\right)\rho_{pr} + \left(A_4 + \frac{A_5}{T_{pr}}\right)\rho_{pr}^2 + \left(\frac{A_5 A_6}{T_{pr}}\right)\rho_{pr}^5$$
$$+ \frac{A_7}{T_{pr}^3}\rho_{pr}^2(1 + A_8\rho_{pr}^2)\exp(-A_8\rho_{pr}^2) \tag{2-18}$$

式中, $A_1 \sim A_8$——常系数, A_1=0.31506237, A_2=-1.0467099, A_3=-0.57832729, A_4=0.53530771,

A_5=-0.61232032, A_6=-0.10488813, A_7=0.68157001, A_8=0.68446549;

p_{pr}——拟对比压力, 无因次;

T_{pr}——拟对比温度, 无因次。

本方法的适用范围为: $1.05 \leqslant T_{pr} \leqslant 3.0$, $0.2 \leqslant p_{pr} \leqslant 30$。

2. Hall&Yarborough(HY)方法

该方法以 Starling-Carnahan 状态方程为基础, 通过对 Standing-Katz 图版进行拟合, 得到以下关系式:

$$Z = 0.06125(p_{pr}/\rho_r T_{pr})\exp\left[-1.2(1-1/T_{pr})^2\right] \tag{2-19}$$

采用牛顿迭代方法, 得出

$$\frac{\rho_{pr}^2 + \rho_{pr}^2 + \rho_{pr}^3 - \rho_{pr}^4}{(1-\rho_{pr})^3} - (14.76/T_{pr} - 9.76/T_{pr}^2 + 4.58/T_{pr}^3)\rho_{pr}^2$$

$$+ (90.7/T_{pr} - 242.2/T_{pr}^2 + 42.4/T_{pr}^3)\rho_{pr}^{(2.18+2.82/T_{pr})} \quad (2\text{-}20)$$

$$- 0.06152(p_{pr}/T_{pr})\exp\left[-1.2(1-1/T_{pr})^2\right]$$

$$= 0$$

本方法的适用范围为：$1.2 \leqslant T_{pr} \leqslant 3$，$0.1 \leqslant p_{pr} \leqslant 24.0$。

在高含硫气井的开发过程中，由于硫化氢和二氧化碳的含量通常较高，而导致天然气中非烃组分的摩尔含量一般大于 5%时，用上述公式计算天然气拟临界参数误差较大，因此需要对 p_{pc}、T_{pc} 进行校正。

3. Wichert-Aziz（WA）校正方法

$$T'_{pc} = T_{pc} - \varepsilon \quad (2\text{-}21)$$

$$p'_{pc} = \frac{p_{pc}T'_{pc}}{T_{pc} + B(1-B)\varepsilon} \quad (2\text{-}22)$$

$$\varepsilon = 66.67\left(A^{0.9} - A^{1.6}\right) + 8.33\left(B^{0.5} - B^4\right) \quad (2\text{-}23)$$

式中，T'_{pc}、p'_{pc}——校正后的拟对比温度、拟对比压力，无因次；

ε——校正系数，它的数值取决于酸性气体的含量百分数，也可通过经验图曲线查得；

A——天然气中所含酸性气体的摩尔分数，无因次；

B——天然气中所含硫化氢的摩尔分数，无因次。

4. Car-Kobayshi-Burrows（CKB）校正方法

$$T'_{pc} = T_{pc} - 44.4y_{co_2} + 72.2y_{H_2S} - 138.9y_{N_2} \quad (2\text{-}24)$$

$$p'_{pc} = p_{pc} - 0.103y_{co_2} + 4.137y_{H_2S} - 1.172y_{N_2} \quad (2\text{-}25)$$

结合以上几种计算方法和校正方法，通过 VB 编写程序，并根据酸性气田物性参数的特性，选取 YB-A 井长兴组(6252.0～6319.0m)和 YB-B 井长兴组(7047.0～7695.5m)气样测试不同温度、压力下的偏差因子，通过与实验值的对比，优选出适用于高含硫产水气井的偏差因子计算方法。

YB-A 井长兴组(6252.0～6319.0m)和 YB-B 井长兴组(7047.0～7695.5m)气样检测数据如表 2-5 所示。

表 2-5 岩心实测气体组分数据

样品编号	气体组分/%								相对密度
	甲烷	乙烷	戊烷以上	氦	二氧化碳	硫化氢	氢	氮	
YB-A	90.37	0.04	0	0.22	3.33	4.68	0.51	0.84	0.616
YB-B	85.18	0.04	0	0.01	6.06	8.44	0.03	0.01	0.658

　　将表 2-5 中的气体组分模型输入到酸性气体物性参数计算软件 1.0（图 2-3）中，将 DPR 和 HY 计算方法分别结合 WA 校正和 CKB 校正方法，得出计算值并与实验值相对比（表 2-6、表 2-7）。

图 2-3　酸性气体物性参数计算软件 1.0

表 2-6　YB-A 井长兴组（6252.0～6319.0m）气样偏差因子的实验值

压力/MPa	52.7℃	72.7℃	92.7℃	112.7℃	132.7℃
67.31	1.3646	1.3490	1.3375	1.3291	1.3228
65	1.3339	1.3206	1.3112	1.3045	1.2997
60	1.2677	1.2594	1.2545	1.2518	1.2504
55	1.2019	1.1989	1.1987	1.2000	1.2020
50	1.1368	1.1395	1.1441	1.1495	1.1549
45	1.0730	1.0816	1.0913	1.1008	1.1096
40	1.0115	1.0263	1.0411	1.0547	1.0668
35	0.9536	0.9749	0.9947	1.0122	1.0274
30	0.9016	0.9295	0.9540	0.9751	0.9928
25	0.8594	0.8933	0.9218	0.9455	0.9650
20	0.8334	0.8713	0.9019	0.9265	0.9463
10	0.8645	0.8933	0.9154	0.9327	0.9465
0	1	1	1	1	1

表 2-7   YB-B 井长兴组(7047.0~7695.5m)气样偏差因子的实验值

压力/MPa	54℃	74℃	94℃	114℃	134℃
68.5	1.3722	1.3558	1.3437	1.3347	1.3279
65	1.3259	1.3129	1.3039	1.2976	1.2931
60	1.2599	1.2520	1.2475	1.2451	1.2441
55	1.1943	1.1917	1.1919	1.1936	1.1959
50	1.1295	1.1325	1.1375	1.1433	1.1497
45	1.0661	1.0750	1.0850	1.0949	1.1041
40	1.0048	1.0200	1.0351	1.0491	1.0616
35	0.9472	0.9690	0.9891	1.0071	1.0226
30	0.8956	0.9240	0.9490	0.9704	0.9885
25	0.8540	0.8883	0.9173	0.9414	0.9613
20	0.8287	0.8672	0.8982	0.9232	0.9434
10	0.8264	0.8914	0.9138	0.9312	0.9451
0	1	1	1	1	1

四种方法的结果对比如图 2-4~图 2-6 所示。

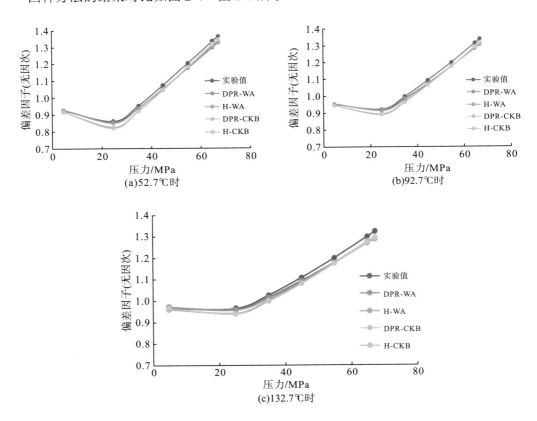

图 2-4   YB-A 气样偏差因子计算值与实验值

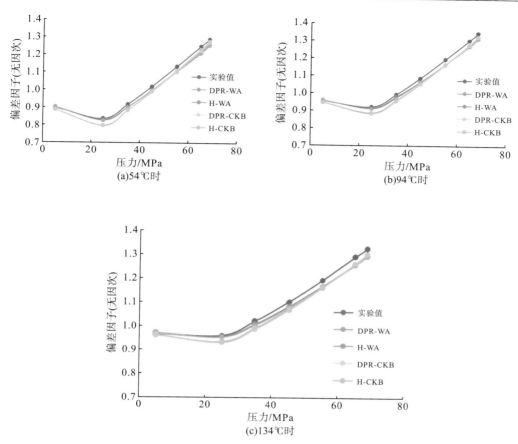

图 2-5　YB-B 气样偏差因子计算值与实验值

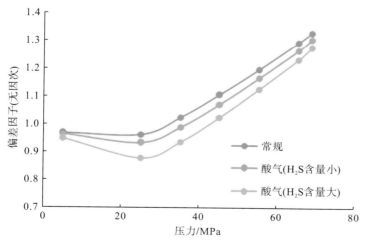

图 2-6　常规气体与酸性气体的偏差因子对比

由图 2-4 和图 2-5 可知，虽然 HY 方法结合 CKB 校正法在低温区与实验值相差相对比较大，但是在高温高压区内，该计算方法的计算值与实验值最接近，所以选取 HY 方法结合 CKB 校正方法应用于高含硫产水气井的偏差因子计算。

由图 2-6 可知，常规气体与酸性气体的偏差因子存在着一定的区别，且酸性气体(硫化氢)的含量越大，相差值越大。

2.2.4　高含硫气体黏度的计算及校正

在高含硫气井井筒中，影响气体黏度的因素主要是井筒中流体的组成、温度及压力。当井筒中的天然气黏度增大时，气体在向上运动的过程中流动阻力也会增大，导致流动变得困难。

酸性气体的黏度和常规气体的黏度有所区别，因此本书选取多种不同的黏度计算及校正方法，并比对结果与实际值的吻合程度。

1. Dempsey(D)方法

$$\ln\left(\frac{\mu_g T_r}{\mu_1}\right) = A_0 + A_1 p_r + A_2 p_r^2 + A_3 p_r^3 + T_r(A_4 + A_5 p_r + A_6 p_r^2 + A_7 p_r^3) \tag{2-26}$$
$$+ T_r^2(A_8 + A_9 p_r + A_{10} p_r^2 + A_{11} p_r^3) + T_r^3(A_{12} + A_{13}p + A_{14} p_r^2 + A_{15} p_r^3)$$

$$\mu_1 = (1.709 \times 10^{-5} - 2.062 \times 10^{-6} \gamma_g)(1.8T + 32) + 8.188 \times 10^{-3} \tag{2-27}$$
$$- 6.15 \times 10^{-3} \lg \gamma_g$$

式中，　μ_1——单组分气体黏度，mPa·s；

　　　　p_r——对比压力；

　　　　T_r——对比温度。

该方法的计算过程相对比较简单，主要问题是其中相关参数的确定。在给定参数值的情况下可以直接算得混合气体的黏度，其中系数值如表 2-8 所示。

表 2-8　系数值

系数	值	系数	值	系数	值
A_0	-2.4621183	A_6	0.36037303	A_{12}	0.0839387179
A_1	2.97054715	A_7	-0.0104432414	A_{13}	-0.186408847
A_2	-0.286264055	A_8	-0.793385685	A_{14}	0.0203367882
A_3	0.00805420523	A_9	1.39643307	A_{15}	-0.000609579264
A_4	2.80860948	A_{10}	-0.149144926		
A_5	-3.49803306	A_{11}	0.00441015513		

2. Lee-Gonzalez-Eakin(LGE) 法

$$\mu_g = 10^{-4} K \cdot \exp\left(X \rho_g^{\ Y}\right) \tag{2-28}$$

$$K = \frac{\left(9.4 + 0.02 M_g\right)\left(1.8T\right)^{1.5}}{209 + 19 M_g + 1.8T} \tag{2-29}$$

$$X = 3.5 + \frac{986}{1.8T} + 0.01 M_g \tag{2-30}$$

$$Y = 2.4 - 0.2X \tag{2-31}$$

式中，M_g——气体摩尔质量，$g \cdot mol^{-1}$；

　　K、X、Y——计算参数。

3. Standing 校正法

$$\mu_1' = \left(\mu_1\right)_m + \mu_{N_2} + \mu_{CO_2} + \mu_{H_2S} \tag{2-32}$$

$$\mu_{H_2S} = M_{H_2S} \cdot \left(8.49 \times 10^{-3} \lg \gamma_g + 3.73 \times 10^{-3}\right) \tag{2-33}$$

$$\mu_{CO_2} = M_{CO_2} \cdot \left(9.08 \times 10^{-3} \lg \gamma_g + 6.24 \times 10^{-3}\right) \tag{2-34}$$

$$\mu_{N_2} = M_{N_2} \cdot \left(8.48 \times 10^{-3} \lg \gamma_g + 9.59 \times 10^{-3}\right) \tag{2-35}$$

式中，　μ_1'——气体黏度校正值，$mPa \cdot s$；

　　$\left(\mu_1\right)_m$——气体黏度计算值，$mPa \cdot s$；

　　μ_{H_2S}、μ_{CO_2}、μ_{N_2}——H_2S、CO_2、N_2 黏度校正值，$mPa \cdot s$；

　　M_{H_2S}、M_{CO_2}、M_{N_2}——H_2S、CO_2、N_2 的摩尔含量。

4. 杨继盛(YJS)校正法

杨继盛校正法的基础是 Lee-Gonazlez 经验公式，他将该公式中的 K 进行校正，方法如下：

$$K' = K + K_{H_2S} + K_{CO_2} + K_{N_2} \tag{2-36}$$

式中，K_{H_2S}、K_{CO_2}、K_{N_2}——H_2S、CO_2、N_2 存在时的黏度校正系数。

当 $0.6 < \gamma_g < 1$ 时，

$$\begin{aligned}
K_{H_2S} &= M_{H_2S}\left(0.000057\gamma_g - 0.000017\right) \times 10^4 \\
K_{CO_2} &= M_{CO_2}\left(0.000050\gamma_g + 0.000017\right) \times 10^4 \\
K_{N_2} &= M_{N_2}\left(0.000050\gamma_g + 0.000047\right) \times 10^4
\end{aligned} \tag{2-37}$$

当 $1 < \gamma_g < 1.5$ 时，

$$\begin{aligned}
K_{H_2S} &= M_{H_2S}\left(0.000029\gamma_g + 0.0000107\right) \times 10^4 \\
K_{CO_2} &= M_{CO_2}\left(0.000024\gamma_g + 0.000043\right) \times 10^4 \\
K_{N_2} &= M_{N_2}\left(0.000023\gamma_g + 0.000074\right) \times 10^4
\end{aligned} \tag{2-38}$$

利用表 2-5 中 YB-A 井的岩心实测组分模型，计算 YB-A 井长兴组气体不同温度、压力下的黏度，使用 YJS 校正方法并得出计算值，见表 2-9。

表 2-9　YB-A 井长兴组(7047.0～7695.5m)气体不同温度、压力下的黏度

压力/MPa	54℃	74℃	94℃	114℃	134℃	154℃
68.5	0.0335	0.0322	0.0312	0.0304	0.0298	0.0293
65	0.0325	0.0312	0.0302	0.0295	0.0289	0.0284
60	0.0310	0.0297	0.0288	0.0281	0.0275	0.0271
55	0.0293	0.0281	0.0272	0.0266	0.0262	0.0259
50	0.0276	0.0264	0.0257	0.0252	0.0248	0.0246
45	0.0257	0.0247	0.0241	0.0237	0.0235	0.0235
40	0.0239	0.0230	0.0225	0.0223	0.0223	0.0223
35	0.0221	0.0214	0.0210	0.0210	0.0211	0.0212
30	0.0203	0.0198	0.0196	0.0197	0.0199	0.0202
25	0.0186	0.0183	0.0183	0.0185	0.0188	0.0192
20	0.0170	0.0169	0.0170	0.0173	0.0178	0.0182
15	0.0154	0.0156	0.0158	0.0163	0.0168	0.0173
10	0.0140	0.0143	0.0148	0.0153	0.0159	0.0165
5	0.0127	0.0132	0.0138	0.0144	0.0151	0.0157
0	0.0115	0.0122	0.0130	0.0136	0.0143	0.0149

D-Standing 法、LGE-YJS 法、Dempsy 法的结果对比如图 2-7 所示。

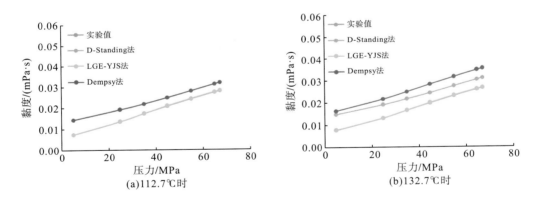

图 2-7　YB-A 气样黏度计算值与实验值

由图 2-7 可知，LGE 计算方法结合 YJS 校正法在各个温度、压力范围内都与实验值最接近，所以选取 LGE 计算方法结合 YJS 校正法应用于高含硫产水气井的黏度计算。

2.2.5　流体比热

流体的比热是计算井筒温度剖面时的关键热力学参数。然而各组分的比热在温度、压力变化较大时并非定值，各种气体的比热拟合结果如下所示。

甲烷：

$$c_{p, CH_4} = 388.7508 \times p^{0.0625} \times T^{0.3087} \tag{2-39}$$

乙烷：

$$c_{p, C_2H_6} = 276 + 5.4224T - 0.0016T^2 \tag{2-40}$$

丙烷：

$$c_{p, C_3H_8} = -0.7392 + 1.5135T - 0.0006T^2 \tag{2-41}$$

氮气：

$$c_{p, N_2} = 8417.8314 \times p^{0.0081} \times T^{0.0470} \tag{2-42}$$

氢气：

$$c_{p, H_2} = 8438.2912 \times p^{0.0091} \times T^{0.0906} \tag{2-43}$$

二氧化碳：

$$c_{p, CO_2} = 292.5202 \times p^{0.0319} \times T^{0.2049} \tag{2-44}$$

硫化氢：

$$c_{p, H_2S} = 26.71 + 0.02387 \times T - 5.063 \times 10^{-6} \times T^2 \tag{2-45}$$

井筒中的气体通常是上述几种气体按一定比例存在的混合气体，通过式(2-39)～式(2-45)求得不同类型气体的比热之后，再按照其在混合流体中所占的摩尔分数做加权求和：

$$c_{pm} = \sum_B y(B)c_p(B) \tag{2-46}$$

式中，c_{pm}——混合流体比热，$J \cdot kg^{-1} \cdot K^{-1}$；

$\quad\quad y(B)$——气体摩尔分数，%；

$\quad\quad c_p(B)$——气体比热，$J \cdot kg^{-1} \cdot K^{-1}$。

2.2.6 流体导热系数

流体的导热系数与温度、压力相关，其拟合公式如下。

甲烷：

$$\lambda_{CH_4} = -0.0086 + 0.0001T \tag{2-47}$$

乙烷：

$$\lambda_{C_2H_6} = -0.0142 + 0.0001T \tag{2-48}$$

丙烷：

$$\lambda_{C_3H_8} = -0.0246 + 0.0001T \tag{2-49}$$

氢气：

$$\lambda_{H_2} = 0.0472 + 0.0005T \tag{2-50}$$

氮气：

$$\lambda_{N_2} = 0.0537 + 0.0007T \tag{2-51}$$

二氧化碳：

$$\lambda_{CO_2} = -0.0091 + 0.00008T \tag{2-52}$$

氦气：

$$\lambda_{He} = 0.0481 + 0.0003T \tag{2-53}$$

硫化氢导热系数取定值：$0.0013\,W\cdot m^{-1}\cdot K^{-1}$。

由图 2-8 可知，不同类型气体的导热系数不同，但均随温度的升高而增大。

按 2.2.5 节所示方法求得混合流体导热系数如下：

$$\lambda_m = \sum_B y(B)\lambda(B) \tag{2-54}$$

式中，λ_m——混合流体导热系数，$W\cdot m^{-1}\cdot K^{-1}$；

$\lambda(B)$——各气体导热系数，$W\cdot m^{-1}\cdot K^{-1}$。

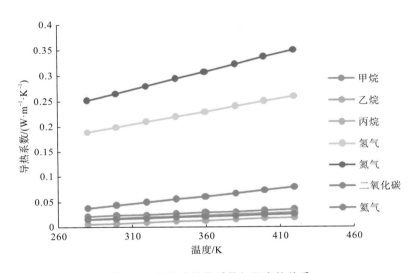

图 2-8   各组分导热系数与温度的关系

2.2.7   硫的物理性质

1. 密度

固硫的微观表现形式有两种：斜方硫和单斜硫。通常情况下它们的密度均为定值，分别是 $2070\,kg\cdot m^{-3}$ 和 $1960\,kg\cdot m^{-3}$，温度对固硫的影响很小，在计算时可以忽略其影响。但当温度持续升高，硫呈液体状态时其密度随温度的变化十分明显，且在不同的温度区间液硫的变化趋势和幅度也有所不同，这是由于在不同的温度区间液硫具有不同的分子结构。液硫密度与温度的关系式如下：

$$\begin{cases} \rho_{sl} = 2137.7 - 0.8487T, & 392K < T < 422K \\ \rho_{sl} = 21125 - 129.29T + 0.2885T^2 - 2.1506 \times 10^{-4}T^3, & 422K < T < 462K \\ \rho_{sl} = 2050.8 - 0.6204T, & 462K < T < 718K \end{cases} \tag{2-55}$$

式中，ρ_{sl}——液硫密度，$kg \cdot m^{-3}$。

2. 黏度

液硫黏度与温度的关系也可以划分成三个区间：392~432K，温度升高时液硫黏度会缓慢下降；432~461K，温度升高时液硫黏度增加迅速，并在 461K 时达到黏度的最大值；超过 461K 后黏度再次下降。

$$\begin{cases} \mu_{sl} = 0.45271 - 2.0357 \times 10^{-3} T + 2.3208 \times 10^{-6} T^2, & 392K < T < 432K \\ \mu_{sl} = -4.5115 \times 10^{-3} T^3 + 6.0061 T^2 - 2660.9T + 392350, & 432K < T < 461K \\ \mu_{sl} = \dfrac{108.03}{\left(1 + e^{0.0816(T-476.08)}\right)^{0.512}} + 0.9423, & 461K < T < 718K \end{cases} \quad (2\text{-}56)$$

式中，μ_{sl}——液硫黏度，$mPa \cdot s$。

3. 比热

1）固态

正交硫（20K < T < 368K）：
$$C_{ps} = -1.668 \times 10^{-2} + 5.556 \times 10^{-3} T - 1.560 \times 10^{-5} T^2 + 1.704 \times 10^{-8} T^3 \quad (2\text{-}57)$$

单斜硫（60K < T < 392K）：
$$C_{ps} = 3.261 \times 10^{-3} + 5.185 \times 10^{-3} T - 1.296 \times 10^{-5} T^2 + 1.295 \times 10^{-8} T^3 \quad (2\text{-}58)$$

2）液态

$$\begin{cases} C_{ps} = 3.636 \times 10^7 e^{1.925(T-440.4)} + 2.564 \times 10^{-3} T, & 392K < T < 431.2K \\ C_{ps} = 1.065 + \dfrac{2.599}{T-428} - \dfrac{0.3092}{(T-428)^2} + 5.911 \times 10^{-9} (T-428)^3, & 431.2K < T < 718K \end{cases} \quad (2\text{-}59)$$

式中，C_{ps}——硫的比热，$J \cdot kg^{-1} \cdot K^{-1}$。

4. 表面张力

本书采用的表面张力计算式是由 Fanell 提出的：
$$\sigma_s = 0.1021 - 1.05 \times 10^{-4} T \qquad (392K < T < 432K) \quad (2\text{-}60)$$
$$\sigma_s = 8.116 \times 10^{-2} - 5.66 \times 10^{-5} T \quad (432K < T < 718K) \quad (2\text{-}61)$$
式中，σ_s——硫的表面张力，$N \cdot m^{-1}$。

5. 导热系数

硫在不同的温度区间呈现不同相态，硫单质导热系数与温度的关系表达式也不同。当硫呈固态时，温度升高，导热系数下降但下降幅度较小。当硫呈液态时，温度升高，导热系数增大。不同温度时，硫的导热系数与温度的关系如下：

1）固态（20K < T < 368K）

$$\lambda_{s} = 0.8935 - 3.3347 \times 10^{-3} T + 4.1524 \times 10^{-6} T^{2} \tag{2-62}$$

2）液态（392K < T < 718K）

$$\lambda_{s} = 0.4813 - 1.8648 \times 10^{-3} T + 2.4844 \times 10^{-6} T^{2} \tag{2-63}$$

式中，λ_{s}——硫导热系数，$\mathrm{W \cdot m^{-1} \cdot K^{-1}}$。

2.2.8 井筒-地层的热物性参数

1. 总传热系数

总传热系数是计算井筒径向上向地层传热时产生的热损失量的关键参数，它的大小也表明了传热速度的大小。总传热系数是一个与实际井身结构及开采条件相关的参数。一般情况下，油套管及水泥环部分的传热系数可以通过串联原理简单求得，但油套环空中存在着导热、对流和热辐射等比较复杂的情况，因此环空部分的影响因素成了总传热系数计算的关键。与此同时，当气井产水和发生硫沉积现象后，液膜和硫垢也会改变热损失量的值。

在建立温度模型时，本书主要考虑混合流体在径向上的传热，因此根据传热机理，得到径向热损失量计算公式为

$$\frac{\mathrm{d}q}{\mathrm{d}z} = 2\pi r \lambda_{h} \frac{\mathrm{d}T}{\mathrm{d}r} \tag{2-64}$$

通过水泥环的热流量：

$$\frac{\mathrm{d}q}{\mathrm{d}z} = \frac{2\pi \lambda_{cem}(T_{co} - T_{h})}{\ln \dfrac{r_{h}}{r_{co}}} \tag{2-65}$$

通过套管壁的热流量：

$$\frac{\mathrm{d}q}{\mathrm{d}z} = \frac{2\pi \lambda_{cas}(T_{ci} - T_{co})}{\ln \dfrac{r_{co}}{r_{ci}}} \tag{2-66}$$

通过油管壁的热流量：

$$\frac{\mathrm{d}q}{\mathrm{d}z} = \frac{2\pi \lambda_{tub}(T_{ti} - T_{to})}{\ln \dfrac{r_{to}}{r_{ti}}} \tag{2-67}$$

式中，λ_{cem}、λ_{cas}、λ_{tub}——水泥环、套管、油管导热系数，$\mathrm{W \cdot m^{-1} \cdot K^{-1}}$；

T_{h}——水泥环最外层温度，K；

r_{h}——水泥环最外层到井眼中心的距离，m；

T_{ci}、T_{co}——套管内、外界面的温度，K；

r_{ci}、r_{co}——套管内、外界面的半径，m；

T_{ti}、T_{to}——油管内、外温度，K；

r_{ti}、r_{to}——油管内、外半径，m。

对式 (2-64)～式 (2-67) 两边积分，可以得到通过水泥环、油管壁和套管壁的热流量。

在井筒的环空部分，热量传递的形式分为：传导、辐射以及对流。因此，环空中的传热系数 h_c（自然对流与热传导）与 h_r（辐射热）满足下式：

$$\frac{dq}{dz} = 2\pi r_{to}(h_c + h_r)(T_{to} - T_{ci}) \tag{2-68}$$

当环空存在流体时，环空中的传热形式还有热辐射，h_r 的计算公式如下：

$$h_r = \sigma F_{tci}\left(T_{to}^{*2} + T_{ci}^{*2}\right)\left(T_{to}^* + T_{ci}^*\right) \tag{2-69}$$

自然对流换热系数表达式如下：

$$h_c = \frac{\lambda_{hc}}{r_{to} \ln \dfrac{r_{ci}}{r_{to}}} \tag{2-70}$$

$$\frac{\lambda_{hc}}{\lambda_{ha}} = 0.049(GrPr)^{0.333} Pr^{0.074} \tag{2-71}$$

式中，h_c、h_r——对流、辐射导热系数，$W \cdot m^{-2} \cdot K^{-1}$；

　　　σ——Stefan-Boltzmann 常数（$5.637 \times 10^{-8}\ W \cdot m^{-2} \cdot K^{-1}$）；

　　　F_{tci}——辐射散热有效系数；

　　　Gr——格拉晓夫数；

　　　Pr——普朗特数；

　　　λ_{hc}、λ_{ha}——环空流体等效导热系数、导热系数，$W \cdot m^{-1} \cdot K^{-1}$。

整个井筒的热量散失和温度传递包括了几个部分：流体至油管、油管至套管、套管至水泥环以及中间环空部分的温度热量散失。有如下关系式：

$$T_f - T_h = (T_f - T_{ti}) + (T_{ti} - T_{to}) + (T_{to} - T_{ci}) + (T_{ci} - T_{co}) + (T_{co} - T_h) \tag{2-72}$$

式中，T_f——流体温度，K。

任意时间内热流量通过每个界面时的数值均是相等的，由此可知：

$$T_f - T_h = \frac{1}{2\pi}\frac{dq}{dz}\left(\frac{r_{to}}{r_{ti}h_f} + \frac{r_{to}\ln\dfrac{r_{to}}{r_{ti}}}{\lambda_{tub}} + \frac{1}{h_c + h_r} + \frac{r_{to}\ln\dfrac{r_{co}}{r_{ci}}}{\lambda_{cas}} + \frac{r_{to}\ln\dfrac{r_h}{r_{co}}}{\lambda_{cem}}\right) \tag{2-73}$$

$$U_{to} = \left[\frac{r_{to}}{r_{ti}h_f} + \frac{r_{to}\ln\dfrac{r_{to}}{r_{ti}}}{\lambda_{tub}} + \frac{1}{h_c + h_r} + \frac{r_{to}\ln\dfrac{r_{co}}{r_{ci}}}{\lambda_{cas}} + \frac{r_{to}\ln\dfrac{r_h}{r_{co}}}{\lambda_{cem}}\right]^{-1} = R_j^{-1} \tag{2-74}$$

由于流体温度和套管最外层的温度均为未知量，因此需要通过数值逼近的思想反复计算得到传热系数的值。其计算方法如下：

(1) 根据井身结构以及所用材料和温度初值（一般由地层温度和地温梯度给出）估算 U_{to} 的初值。

(2) 按 Hasan&Kabir 模型（下文简称 H&K 模型）计算无因次温度 T_D。

（3）分别对不同界面求解，计算 T_h 和 T_{ci}。

$$T_h = \frac{T_f T_D + \dfrac{\lambda_e}{r_{to} U_{to}} T_e}{T_D + \dfrac{\lambda_e}{r_{to} U_{to}}} \tag{2-75}$$

$$T_{ci} = T_h + \frac{r_{to} U_{to} \ln \dfrac{r_h}{r_{co}}}{\lambda_{cem}} (T_{to} - T_h) \tag{2-76}$$

（4）根据 T_h 和 T_{ci} 计算 h_c 与 h_r。

（5）求取井筒径向上的温度分布。

（6）由式（2-74）求出新的 U_{to}。

（7）比较两次计算的值，若差别较大则把新值代入 Hasan & Kabir 模型重复第（2）～第（5）步，直至求得准确值。

2. 单位体积热容

单位体积热容是计算井筒和地层温度的一个重要参数，它的数值大小反映了相关介质散热和吸热的能力，当材料介质的热容越大时，其吸收相同的热量温度升高的越小，即对井筒流体起保温作用，其计算式如下：

$$\pi r_h^2 dz (\rho c)_h = \pi r_{ti}^2 dz (\rho_m c_{pm})_f + \pi (r_{to}^2 - r_{ti}^2) dz (\rho c)_t + \pi (r_{ci}^2 - r_{to}^2) dz (\rho c)_{hk}$$
$$+ \pi (r_{co}^2 - r_{ci}^2) dz (\rho c)_{ca} + \pi (r_h^2 - r_{co}^2) dz (\rho c)_{ce} \tag{2-77}$$

式中，$(\rho_m c_{pm})_f$、$(\rho c)_t$、$(\rho c)_{hk}$、$(\rho c)_{ca}$、$(\rho c)_{ce}$——流体、油管、环空流体、套管、水泥环单位体积热容，$J \cdot m^{-3} \cdot K^{-1}$；

将上式化简：

$$(\rho c)_h = \left[r_{ti}^2 (\rho_m c_{pm})_f + (r_{to}^2 - r_{ti}^2)(\rho c)_t + (r_{ci}^2 - r_{to}^2)(\rho c)_{hk} \right.$$
$$\left. + (r_{co}^2 - r_{ci}^2)(\rho c)_{ca} + (r_h^2 - r_{co}^2)(\rho c)_{ce} \right] / r_h^2 \tag{2-78}$$

3. 热扩散系数

$$\alpha = \frac{U_{to}}{\rho c} \tag{2-79}$$

式中，α——热扩散系数，$m^2 \cdot s^{-1}$。

从式（2-79）中可以看出，热扩散系数在计算中与传热系数成正比，即反映了介质热扩散的速度。导热系数增大或热容降低均会使 α 增大，导致热散失变快，当井筒内开始产水或由于温度变化析出硫单质时，混合流体的热容发生变化，影响井筒的热散失程度，从而影响井筒内的温度分布。部分材料的 α 值可在热力学手册中查得。在完井和固井过程中，经常使用的低碳钢等材料的热扩散系数很高，在温差较大时导热过程慢，需将该部分的传热考虑成非稳态的导热过程。

第3章 元素硫溶解度

3.1 常规硫溶解度测试流程

3.1.1 常规硫溶解度测试流程

元素硫不仅溶解在高含硫气体中，而且还溶解在高温、高压条件下的富烃组分中。因此，以 X 井凝析气组分为基础，利用建立的元素硫溶解度测定方法，验证该测定方法的可行性。

1. 实验流程

实验流程见图 3-1。

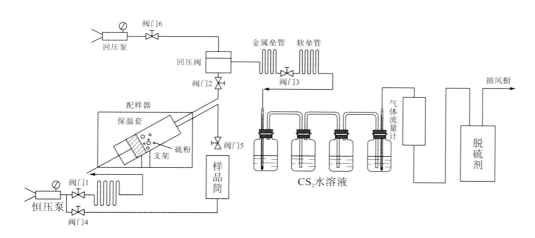

图 3-1 元素硫溶解度实验流程图

2. 实验步骤

整个实验分下面几个步骤完成：

（1）安装：按图 3-1 所示流程连接好实验设备，并将过量的硫粉（50g）放入配样器中，调试整个流程，保证整个实验过程不发生泄漏。

（2）转样：关闭所有阀门后，开启阀门 4 和阀门 5，将样品筒的气体转入配样器，然后关闭阀门 4 和阀门 5。

（3）平衡：将配样器中的气体加温加压到 100℃ 和 40MPa，摇样平衡 1 天左右。

（4）闪蒸：利用恒压泵保持 40MPa 压力不变，首先将回压泵调到 42MPa，开启阀门 2、阀门 6 和阀门 3，然后逐步降低回压泵压力，使气体开始流出，然后利用回压泵调节压力，直至气体流量计显示流量为 200 mL·min^{-1} 时，保持回压泵压力不变。

（5）计量：在恒压泵和回压泵保持压力的情况下，将配样器中的气体闪蒸完。用氮气溶液清洗出口端管线，并与 CS_2 溶液混合后，放入抽风橱，让 CS_2 溶液挥发，收集挥发后剩下的固体硫，利用精密天平进行称量。

3.1.2　高含硫气藏硫溶解度在线测试

高含硫气藏硫溶解度在线测试装置如图 3-2 所示，测试原理：主要是对 N+2 份相同的等分原始样品进行单质硫测试、含硫气样总硫测试、溶解反应后含硫气样总硫的测试，从而得到单质硫在不同温度、压力下在 H_2S 气体中的溶解度。在常温 T_0、常压 p_0 下由 CS_2 吸收单质硫系统测试含硫气样中的单质硫量$(m_s=m_0+m_1)$；在荧光定硫仪中进行含硫气样总硫测试得到含硫总量 S_0；一定温度 T_i、压力 p_i 下在高温高压活塞式定量容器中进行含硫气样和单质硫溶解反应，测试反应后的含硫气样中的含硫总量 S_i。将溶解反应的温度、压力转化到常温下进行计算，则判断 $\Delta S = S_i - S_0$ 是否等于零。若等于零，则气样中单质硫溶解达到饱和；若不等于零，则溶解反应后含硫气样中单质硫溶解量为 $S_r = \Delta S + m_s = (S_i - S_0) + (m_0 + m_1)$。测试不同温度、压力下含硫气样中的单质硫溶解量就可以求解出不同温度、压力下单质硫在含硫气样中的溶解度 $W_{S_i} = \dfrac{S_r}{V_0} = \dfrac{(S_i - S_0) + m_0 + m_1}{V_0}$。

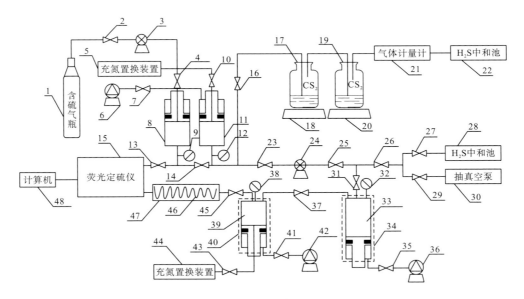

图 3-2　装置流程图

该装置主要包括含硫气样瓶(1)、气源控制阀(2)、气体增压泵(3)、活塞进气阀一(4)、充氮置换装置(5)、电动泵一(6)、电动泵控制阀一(7)、活塞式定量容器(8)、压力传感器一(9)、控制阀(10)，单质硫测试活塞定量容器(11)、压力传感器二(12)、荧光定硫仪进气阀(13)、气体流通阀(14)、荧光定硫仪(15)、单向阀(16)、CS$_2$ 吸硫容器一(17)、电子天平一(18)、CS$_2$ 吸硫容器二(19)、电子天平二(20)、气体计量计(21)、H$_2$S 中和池一(22)、泵进气阀(23)、气体增压泵二(24)、管线控制阀(25)、清洗尾气控制阀(26)、尾气阀(27)、H$_2$S 中和池二(28)、清洗阀(29)、抽真空泵(30)、活塞进气阀二(31)、压力传感器三(32)、带搅拌高温高压活塞式定量容器(33)、恒温箱装置一(34)、电动泵控制阀二(35)、电动泵二(36)、活塞进气阀三(37)、压力传感器四(38)、高温高压活塞式定量容器(39)、恒温箱装置二(40)、电动泵控制阀三(41)、电动泵三(42)、充氮控制阀(43)、充氮置换装置(44)、单向减压阀(45)、毛细管(46)、恒温箱装置三(47)、计算机(48)。

单质硫测试、含硫气样总硫测试、溶解反应后含硫气样总硫的测试步骤如下。

1. 单质硫测试

步骤 1：含硫气样样品准备。在准备好的 N+2 份相同的等分原始含硫气样瓶样品中随机选取一份，这 N+2 份样品可以测出 N 个不同温度、压力条件下含硫气样中的硫溶解度。

步骤 2：检查各装置和阀门的气密性，按照实验流程连接好实验装置。

步骤 3：将两个 CS$_2$ 吸硫容器在各自的电子天平上进行称重，然后进行电子天平去皮。

步骤 4：打开气源控制阀、活塞进气阀一，启动气体增压泵一将含硫气样打入活塞式定量容器，并充满整个活塞式定量容器(V_0=500mL)，然后打开单向阀。

步骤 5：打开电动泵控制阀一，启动电动泵一，在电动泵压力作用下将含硫气样在常温 T_0 下慢慢驱替到 CS$_2$ 吸硫容器一、CS$_2$ 吸硫容器二中，CS$_2$ 吸收含硫气样中的单质硫，记录压力传感器一的压力 p_0，记录电子天平一的质量变化值 m_0、电子天平二的质量变化值 m_1。

步骤 6：反应后气样通过气体计量装置计量通过的气体体积 V_0，通过计算通过 CS$_2$ 吸硫容器一、CS$_2$ 吸硫容器二前后电子天平的质量变化差值即可求出单质硫的质量 $\left(m_{\mathrm{s}}=m_0+m_1\right)$，并记录实验常温为 T_0。

步骤 7：启动充氮置换装置一，清洗管线中残余的含硫气样，将其推到 H$_2$S 中和池一中进行吸收中和。

步骤 8：在温度为 T_0，压力为 p_0 时含硫气样中的硫溶解度可以表示为一定单位体积下的硫溶解量 $\left(W_{\mathrm{S}_0}=\dfrac{m_{\mathrm{S}}}{V_0}=\dfrac{m_0+m_1}{V_0}\right)$。

2. 含硫气样总硫测试

步骤 1：在相同原始含硫气样瓶样品中随机再选取一份，连接好管线并检查管线有无泄漏。

步骤 2：关闭气体流通阀，打开气源控制阀、活塞进气阀一、荧光定硫仪进气阀，启动气体增压泵一，调节气体增压泵将含硫气样打入活塞式定量容器，并充满整个活塞式定量容器（V_0=500mL）。

步骤 3：打开电动泵控制阀一，启动电动泵一，在电动泵压力作用下将含硫气样在常温下全部驱替到荧光定硫仪中进行燃烧，测量含硫气样的总硫量 S_0。

步骤 4：含硫气样的总硫量测试完后，启动充氮置换装置（5）将管线中残余气样中的硫清理出去。

3. 溶解反应后含硫气样总硫的测试

步骤 1：在相同原始含硫气样瓶样品中，同样随机再选取一份，连接好管线并检查管线有无泄漏。

步骤 2：关闭荧光定硫仪进气阀、单向减压阀，关闭单向阀，打开气体流通阀、泵进气阀、管线控制阀、清洗尾气控制阀、清洗阀、活塞进气阀二、压力传感器四，打开抽真空泵对管线和高温高压活塞式定量容器、带搅拌高温高压活塞式定量容器中气体进行抽真空处理。

步骤 3：将质量为 m_r 的干燥硫粉置于带搅拌高温高压活塞式定量容器中。

步骤 4：打开气源控制阀、活塞进气阀，启动气体增压泵一将含硫气样打入同样拆卸替换的活塞式定量容器中，并充满整个活塞式定量容器（V_0=500mL）。

步骤 5：关闭清洗尾气控制阀、清洗阀和活塞进气阀三，打开电动泵控制阀，启动电动泵一，在电动泵压力作用下将含硫气样从活塞式定量容器中驱出。

步骤 6：启动气体增压泵二，在泵压作用下将含硫气样气体全部打入带搅拌高温高压活塞式定量容器中，使含硫气样和硫粉在带搅拌高温高压活塞式定量容器（V_1=1000mL）中混合溶解并充满整个容器。

步骤 7：启动恒温箱装置一，调节温度为一定温度 T_i。

步骤 8：启动带搅拌高温高压活塞式定量容器中底部的搅拌装置进行气样和干燥硫粉搅拌混合，使含硫气样和干燥质量为 m_r 的干燥硫粉进行反应并达到溶解平衡，记录压力传感器三中的压力 p_i。

步骤 9：启动恒温箱装置二，调节温度为一定温度 T_i。

步骤 10：关闭活塞进气阀二，打开电动泵控制阀二、活塞进气阀三，启动电动泵二，通过调节电动泵控制带搅拌高温高压活塞式定量容器的体积，推出反应后容器中一半体积的气体到高温高压活塞式定量容器中，使之充满整个高温高压活塞式定容器（V_2=500mL）。

步骤 11：关闭活塞进气阀三，打开电动泵控制阀三、单向减压阀，启动电动泵三，在泵压作用下将高温高压活塞式定量容器中的气体慢慢推出。

步骤 12：启动恒温箱装置三（47），调节温度为一定温度 T_i。

步骤 13：溶解反应后气体从高温高压活塞式定量容器中被慢慢推送到毛细管中，经过毛细管缓慢降压作用进入到荧光定硫仪中进行燃烧，测反应后的总硫量。

常压下进行单质硫测试时气体体积转换公式为

$$p_0 V_0 = nRT_0 \tag{3-1}$$

高温、高压下进行溶解反应后含硫气样总硫的测试时气体体积转化公式为

$$p_i V_0 = ZnRT_i \tag{3-2}$$

根据两次测试中气体摩尔数相等，再根据相应温度、压力查相关含硫气样压缩因子图版，由式(3-1)和式(3-2)可以得到：

$$\frac{p_0 V_0}{T_0} = \frac{p_i V_i}{Z T_i} \tag{3-3}$$

式中，p_0——常温下的压力，MPa；

　　　T_0——常温温度，K；

　　　V_0——压力 p_0 下体积，m^3；

　　　p_i——反应容器中的压力，MPa；

　　　T_i——反应容器中的温度，K；

　　　V——反应容器中压力 p_i 下的气体体积，m^3；

　　　R——气体常数。

步骤 14：待驱替完高温高压活塞式定量容器中的气体，打开充氮控制阀、活塞进气阀三、活塞进气阀二、清洗尾气控制阀、尾气阀，关闭单向减压阀、管线控制阀，启动充氮置换装置，将管线中残留的气体和高温高压活塞式定量容器中残留的气体，以及带搅拌高温高压活塞式定量容器中残留的气体驱出到 H_2S 中和池二中进行中和。

3.1.3　硫溶解度测试实例

分别对 P2 井和 P6 井不同压力下硫的溶解度进行了测试，P2 井和 P6 井地层温度分别为 123.4℃和 120℃，地层压力分别为 55.2MPa 和 55.17MPa，两口井井流物组成见表 3-1 和表 3-2，测试结果见图 3-3 和图 3-4。

由图 3-3、图 3-4 可以看出，高压下硫在气体中的溶解度的变化大于低压下的变化。高含硫气藏在生产初期由于地层压力较高，元素硫在地层中的沉积速度大于生产后期的沉积速度。因此，在编制高含硫气藏开发方案时应充分考虑生产初期硫沉积对气井产量的影响，并及时采取预防措施。

表 3-1　P2 井井流物组分组成分析

组分	摩尔分数/%
H_2S	13.79
N_2	0.52
He	0.01
H_2	0.00
CO_2	9.01
C_1	76.64
C_2	0.03
$C_3 \sim C_{7+}$	0.00

表 3-2　P6 井井流物组分组成分析

组分	摩尔分数/%
H_2S	14.99
N_2	0.43
He	0.01
H_2	0.01
CO_2	8.93
C_1	75.61
C_2	0.02
$C_3 \sim C_{7+}$	0.00

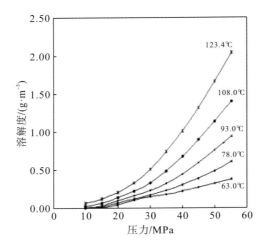 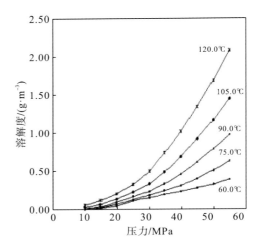

图 3-3   P2 井酸气硫的溶解度与压力的关系曲线   图 3-4   P6 井酸气硫的溶解度与压力的关系曲线

3.2   元素硫溶解度 Chrastil 模型

Chrastil 提出了一个简单的关系式来预测高压下流体中元素硫的溶解度，将元素硫溶解度与系统压力、温度关联起来，且具有较高的精度。

Chrastil 溶解度模型如下：

$$C_r = \rho^k \exp(A/T + B) \tag{3-4}$$

式中，C_r——硫的溶解度，$kg \cdot m^{-3}$；

   ρ——气体密度，$kg \cdot m^{-3}$；

   T——温度，K；

   k、A、B——常数。

3.2.1   模型推导过程

一般的化学反应过程可用下式表示：

$$A + kB \longleftrightarrow AB_k \tag{3-5}$$

其平衡常数可由逸度计算出：

$$K = \frac{[AB_k]}{[A] \cdot [B]^k} \tag{3-6}$$

式中，$[A]$——A 的逸度；

   $[B]$——B 的逸度；

   $[AB_k]$——AB_k 的逸度。

对式（3-6）两边取对数得

$$\ln K = \ln[AB_k] - \ln[A] - k\ln[B] \tag{3-7}$$

根据平衡常数与标准焓变、熵变的关系式可得

$$\ln k = \frac{\Delta H_{\text{solv}}}{RT} + q_{\text{s}} \tag{3-8}$$

式中，ΔH_{solv}——溶剂的蒸发焓；

$\qquad$ q_{s}——常数。

$$\ln[A] = \frac{\Delta H_{\text{vap}}}{RT} + q_{\text{v}} \tag{3-9}$$

式中，ΔH_{vap}——溶质的蒸发焓；

$\qquad$ q_{v}——常数。

联立式(3-7)～式(3-9)得

$$\frac{\Delta H}{RT} + q + k\ln[B] = \ln[AB_k] \tag{3-10}$$

其中，$\Delta H = \Delta H_{\text{solv}} + \Delta H_{\text{vap}}$，$q = q_{\text{s}} + q_{\text{v}}$。

根据逸度的计算式：

$$[AB_k] = \frac{C_{\text{r}}}{M_A + kM_{\text{s}}} \tag{3-11}$$

$$[B] = \frac{\rho}{M_B} \tag{3-12}$$

式中，C_{r}——溶解度，kg·m^{-3}；

$\qquad$ ρ——密度，kg·m^{-3}；

$\qquad$ M_A——溶质的分子量；

$\qquad$ M_B——溶剂的分子量。

可得

$$\ln C_{\text{r}} = k\ln\rho + \frac{\Delta H}{R}\cdot\frac{1}{T} + \ln\left(M_A + kM_{\text{s}}\right) + q - k\ln M_{\text{s}} \tag{3-13}$$

可以简化常数项，使：

$$\frac{\Delta H}{R} = A \tag{3-14}$$

$$\ln\left(M_A + kM_B\right) + q - k\ln M_B = B \tag{3-15}$$

因此式(3-13)可简化为

$$\ln C_{\text{r}} = k\ln\rho + \frac{A}{T} + B \tag{3-16}$$

进而得到计算溶解度的公式：

$$C_{\text{r}} = \rho^k \, \text{e}^{\frac{A}{T}+B} \tag{3-17}$$

其中，$A = \dfrac{\Delta H}{R}$；$B = \ln\left(M_A + kM_B\right) + q - k\ln M_B$。

3.2.2 参数的回归拟合

Chrastil 经验公式可以预测特定组分下气体中元素硫的溶解度，气体组分不同，参数 k、A 和 B 会出现相应的变化。

国外学者 Roberts(1997)在 Chrastil 经验关联式的基础上，利用 Brunner 和 Woll(1980)针对含硫混合气体的硫溶解度实验数据，拟合出了高压下元素硫溶解度的预测公式：

$$C_r = \rho^4 \exp(-4666/T - 4.5711) \tag{3-18}$$

Roberts 经验公式是通过拟合特定的实验组分数据得到的，而高含硫气藏硫溶解度因 H_2S 含量不同而出现较大差异，因此不能直接沿用 Roberts 经验公式。杨学锋等(2009)对 Chrastil 公式进行了误差分析，发现直接沿用 Roberts 经验公式得到的硫溶解度误差较大，而重新拟合得到的 Chrastil 经验关联式误差较小，因此通过 Chrastil 公式拟合实例井实测硫溶解度数据，得到适合特定高含硫气藏的硫溶解度预测公式。该方法可根据实际情况推广使用。

1. 基础数据 1

此处采用高含硫实例元坝气田的数据来进行硫溶解度的拟合，地层温度为 152.5℃，地层压力为 66.52MPa，闪蒸实验结果见表 3-3，天然气组成见表 3-4，气体溶解度实验数据见表 3-5。

表 3-3 闪蒸实验结果表

地层压力/MPa	地层温度/℃	偏差系数 Z_g	体积系数 $B_g/10^{-3}$	密度 $\rho_g/(g \cdot m^{-3})$	黏度 $\mu_g/(mPa \cdot s)$
66.52	152.5	1.3052	2.960	0.2506	0.0333

表 3-4 元坝 204-1 井天然气组成

CH_4	C_2H_6	CO_2	H_2S	N_2	He	H_2
0.9188	0.0005	0.0477	0.027	0.0058	0.0001	0.0001

表 3-5 不同温度、压力下气体溶解度实验数据　　　　　　（单位：$g \cdot m^{-3}$）

压力 /MPa	温度/℃								
	40	60	80	100	120	130	140	150	152.5
10	0	0	0.002	0.007	0.036	0.085	0.161	0.325	0.374
20	0.001	0.002	0.008	0.034	0.112	0.204	0.374	0.669	0.779
30	0.003	0.009	0.027	0.095	0.273	0.472	0.809	1.356	1.542
40	0.007	0.023	0.065	0.192	0.549	0.887	1.453	2.349	2.655
50	0.013	0.045	0.118	0.338	0.882	1.436	2.268	3.543	3.947
60	0.024	0.063	0.181	0.493	1.278	2.013	3.167	4.874	5.428
65	0.029	0.079	0.22	0.586	1.485	2.343	3.632	5.554	6.193
66.5	0.03	0.085	0.226	0.615	1.545	2.444	3.778	5.767	6.413

1) k 值拟合过程

根据 Chrastil(1982)文献中的介绍，可根据实际数据 $\ln C_r$ 和 $\ln \rho$ 的比值回归拟合，得到参数 k，具体拟合数据如表 3-6 所示。

表 3-6　k 值拟合数据

温度/K	压力/MPa	气体密度/(kg·m⁻³)	溶解度/(kg·m⁻³)	x: $\ln\rho$	y: $\ln C_r$
	10.0	68.63	0.000000	4.23	—
	20.0	137.26	0.000001	4.92	−13.82
	30.0	205.89	0.000003	5.33	−12.72
	40.0	274.52	0.000007	5.62	−11.87
313.15	50.0	343.16	0.000013	5.84	−11.25
	60.0	411.79	0.000024	6.02	−10.64
	64.9	445.28	0.000027	6.10	−10.52
	65.0	446.10	0.000029	6.10	−10.45
	66.5	456.53	0.000030	6.12	−10.41
	10.0	64.51	0.000000	4.17	—
	20.0	129.02	0.000002	4.86	−13.12
	30.0	193.53	0.000009	5.27	−11.62
	40.0	258.04	0.000023	5.55	−10.68
333.15	50.0	322.55	0.000045	5.78	−10.01
	60.0	387.07	0.000063	5.96	−9.67
	64.9	418.55	0.000076	6.04	−9.48
	65.0	419.32	0.000079	6.04	−9.45
	66.5	429.13	0.000085	6.06	−9.37
	10.0	60.86	0.000002	4.11	−13.12
	20.0	121.72	0.000008	4.80	−11.74
	30.0	182.57	0.000027	5.21	−10.52
	40.0	243.43	0.000065	5.49	−9.64
353.15	50.0	304.29	0.000118	5.72	−9.04
	60.0	365.15	0.000181	5.90	−8.62
	64.9	394.84	0.000219	5.98	−8.43
	65.0	395.57	0.000220	5.98	−8.42
	66.5	404.82	0.000226	6.00	−8.39
373.15	10.0	57.60	0.000007	4.05	−11.87

温度/K	压力/MPa	气体密度/(kg·m⁻³)	溶解度/(kg·m⁻³)	x: $\ln\rho$	y: $\ln C_r$
373.15	20.0	115.19	0.000034	4.75	−10.29
	30.0	172.79	0.000095	5.15	−9.26
	40.0	230.38	0.000192	5.44	−8.56
	50.0	287.98	0.000338	5.66	−7.99
	60.0	345.57	0.000493	5.85	−7.62
	64.9	373.68	0.000578	5.92	−7.46
	65.0	374.37	0.000586	5.93	−7.44
	66.5	383.13	0.000615	5.95	−7.39
393.15	10.0	54.67	0.000036	4.00	−10.23
	20.0	109.33	0.000112	4.69	−9.10
	30.0	164.00	0.000273	5.10	−8.21
	40.0	218.66	0.000549	5.39	−7.51
	50.0	273.33	0.000882	5.61	−7.03
	60.0	327.99	0.001278	5.79	−6.66
	64.9	354.67	0.001482	5.87	−6.51
	65.0	355.33	0.001485	5.87	−6.51
	66.5	363.64	0.001545	5.90	−6.47
403.15	10.0	53.31	0.000085	3.98	−9.37
	20.0	106.62	0.000204	4.67	−8.50
	30.0	159.93	0.000472	5.07	−7.66
	40.0	213.24	0.000887	5.36	−7.03
	50.0	266.55	0.001436	5.59	−6.55
	60.0	319.86	0.002013	5.77	−6.21
	64.9	345.87	0.002326	5.85	−6.06
	65.0	346.51	0.002343	5.85	−6.06
	66.5	354.62	0.002444	5.87	−6.01
413.15	10.0	52.02	0.000161	3.95	−8.73
	20.0	104.04	0.000374	4.64	−7.89
	30.0	156.06	0.000809	5.05	−7.12
	40.0	208.08	0.001453	5.34	−6.53
	50.0	260.10	0.002268	5.56	−6.09
	60.0	312.12	0.003167	5.74	−5.75
	64.9	337.50	0.003611	5.82	−5.62

温度/K	压力/MPa	气体密度/(kg·m⁻³)	溶解度/(kg·m⁻³)	x: $\ln\rho$	y: $\ln C_r$
413.15	65.0	338.13	0.003632	5.82	−5.62
	66.5	346.03	0.003778	5.85	−5.58
423.15	10.0	50.79	0.000325	3.93	−8.03
	20.0	101.58	0.000669	4.62	−7.31
	30.0	152.37	0.001356	5.03	−6.60
	40.0	203.16	0.002349	5.31	−6.05
	50.0	253.95	0.003543	5.54	−5.64
	60.0	304.74	0.004874	5.72	−5.32
	64.9	329.53	0.005558	5.80	−5.19
	65.0	330.14	0.005554	5.80	−5.19
	66.5	337.86	0.005767	5.82	−5.16
425.65	10.0	50.49	0.000374	3.92	−7.89
	20.0	100.98	0.000779	4.61	−7.16
	30.0	151.48	0.001542	5.02	−6.47
	40.0	201.97	0.002655	5.31	−5.93
	50.0	252.46	0.003947	5.53	−5.53
	60.0	302.95	0.005428	5.71	−5.22
	64.9	327.59	0.006159	5.79	−5.09
	65.0	328.20	0.006193	5.79	−5.08
	66.5	335.87	0.006413	5.82	−5.05

如图 3-5 所示，不同温度回归拟合得到的 k 值也不同，所以取 k 的平均数：2.26。

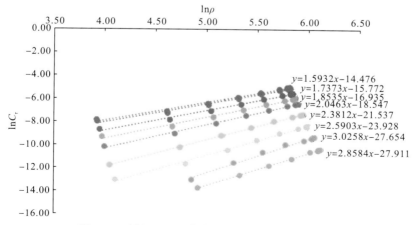

图 3-5　元坝 204-1H 井气体 C_r 与 ρ 的双对数曲线

2）A、B 值拟合过程

得到参数 k 以后，则可进一步回归拟合得到另外两个参数 A 和 B 的大小，具体拟合数据如表 3-7 所示。

表 3-7　A、B 值拟合数据

压力/MPa	温度/K	气体密度/(kg·m⁻³)	溶解度/(kg·m⁻³)	x：$1/T$	y：$\ln C_r - 2.26\ln\rho$
	313.15	68.63	0.000000	0.003193	—
	333.15	64.51	0.000000	0.003002	—
	353.15	60.86	0.000002	0.002832	−22.407654
	373.15	57.60	0.000007	0.002680	−21.030393
10.0	393.15	54.67	0.000036	0.002544	−19.274788
	403.15	53.31	0.000085	0.002480	−18.358890
	413.15	52.02	0.000161	0.002420	−17.664762
	423.15	50.79	0.000325	0.002363	−16.908291
	425.65	50.49	0.000374	0.002349	−16.754548
	313.15	137.26	0.000001	0.003193	−24.938990
	333.15	129.02	0.000002	0.003002	−24.105925
	353.15	121.72	0.000008	0.002832	−22.587872
	373.15	115.19	0.000034	0.002680	−21.016455
20.0	393.15	109.33	0.000112	0.002544	−19.706321
	403.15	106.62	0.000204	0.002480	−19.049934
	413.15	104.04	0.000374	0.002420	−18.388424
	423.15	101.58	0.000669	0.002363	−17.7512
	425.65	100.98	0.000779	0.002349	−17.5786
	313.15	205.89	0.000003	0.003193	−24.756728
	333.15	193.53	0.000009	0.003002	−23.518198
	353.15	182.57	0.000027	0.002832	−22.287828
	373.15	172.79	0.000095	0.002680	−20.905290
30.0	393.15	164.00	0.000273	0.002544	−19.731699
	403.15	159.93	0.000472	0.002480	−19.127426
	413.15	156.06	0.000809	0.002420	−18.533232
	423.15	152.37	0.001356	0.002363	−17.962686
	425.65	151.48	0.001542	0.002349	−17.820832
	313.15	274.52	0.000007	0.003193	−24.559592
40.0	333.15	258.04	0.000023	0.003002	−23.230090
	353.15	243.43	0.000065	0.002832	−22.059439

压力/MPa	温度/K	气体密度/(kg·m⁻³)	溶解度/(kg·m⁻³)	x: $1/T$	y: $\ln C_r - 2.26\ln\rho$
40.0	373.15	230.38	0.000192	0.002680	−20.851833
	393.15	218.66	0.000549	0.002544	−19.683234
	403.15	213.24	0.000887	0.002480	−19.146722
	413.15	208.08	0.001453	0.002420	−18.597806
	423.15	203.16	0.002349	0.002363	−18.063397
	425.65	201.97	0.002655	0.002349	−17.927629
50.0	313.15	343.16	0.000013	0.003193	−24.444857
	333.15	322.55	0.000045	0.003002	−23.063226
	353.15	304.29	0.000118	0.002832	−21.967446
	373.15	287.98	0.000338	0.002680	−20.790587
	393.15	273.33	0.000882	0.002544	−19.713444
	403.15	266.55	0.001436	0.002480	−19.169254
	413.15	260.10	0.002268	0.002420	−18.656843
	423.15	253.95	0.003543	0.002363	−18.156717
	425.65	252.46	0.003947	0.002349	−18.035422
60.0	313.15	411.79	0.000024	0.003193	−24.243800
	333.15	387.07	0.000063	0.003002	−23.138801
	353.15	365.15	0.000181	0.002832	−21.951680
	373.15	345.57	0.000493	0.002680	−20.825170
	393.15	327.99	0.001278	0.002544	−19.754632
	403.15	319.86	0.002013	0.002480	−19.243536
	413.15	312.12	0.003167	0.002420	−18.735003
	423.15	304.74	0.004874	0.002363	−18.249823
	425.65	302.95	0.005428	0.002349	−18.128854
64.9	313.15	445.28	0.000027	0.003193	−24.302737
	333.15	418.55	0.000076	0.003002	−23.127923
	353.15	394.84	0.000219	0.002832	−21.937826
	373.15	373.68	0.000578	0.002680	−20.842826
	393.15	354.67	0.001482	0.002544	−19.783256
	403.15	345.87	0.002326	0.002480	−19.275733
	413.15	337.50	0.003611	0.002420	−18.780523
	423.15	329.53	0.005558	0.002363	−18.295220
	425.65	327.59	0.006159	0.002349	−18.179231
65.0	313.15	446.10	0.000029	0.003193	−24.235454
	333.15	419.32	0.000079	0.003002	−23.093384
	353.15	395.57	0.000220	0.002832	−21.937446

压力/MPa	温度/K	气体密度/(kg·m⁻³)	溶解度/(kg·m⁻³)	x: $1/T$	y: $\ln C_r - 2.26\ln\rho$
65.0	373.15	374.37	0.000586	0.002680	-20.833256
	393.15	355.33	0.001485	0.002544	-19.785410
	403.15	346.51	0.002343	0.002480	-19.272627
	413.15	338.13	0.003632	0.002420	-18.778901
	423.15	330.14	0.005554	0.002363	-18.300116
	425.65	328.20	0.006193	0.002349	-18.177902
66.5	313.15	456.53	0.000030	0.003193	-24.253793
	333.15	429.13	0.000085	0.003002	-23.072422
	353.15	404.82	0.000226	0.002832	-21.962780
	373.15	383.13	0.000615	0.002680	-20.837194
	393.15	363.64	0.001545	0.002544	-19.798041
	403.15	354.62	0.002444	0.002480	-19.282664
	413.15	346.03	0.003778	0.002420	-18.791730
	423.15	337.86	0.005767	0.002363	-18.314723
	425.65	335.87	0.006413	0.002349	-18.195235

如图 3-6 所示，不同压力回归拟合得到的 A、B 值也不同，所以 A、B 值取平均数：$A=-7742$，$B=0.023$。

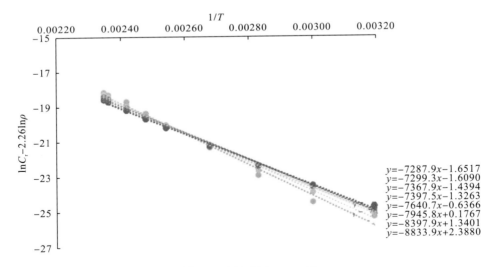

图 3-6　回归拟合 A、B 值

3) 拟合结果

根据以上回归拟合过程，得到 $k=2.26$，$A=-7742$ 和 $B=0.023$。所以适合于元坝气田的

Chrastil 硫溶解度公式为

$$C_{\mathrm{r}} = \rho^{2.26}\,\mathrm{e}^{0.023-\frac{7742}{T}}$$

(3-19)

用上式预测溶解度，再与实测值进行对比，结果如图 3-7～图 3-15 所示。

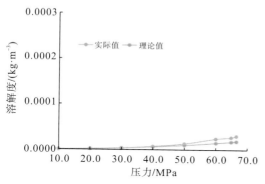

图 3-7　313.15K 时理论值与实际值对比

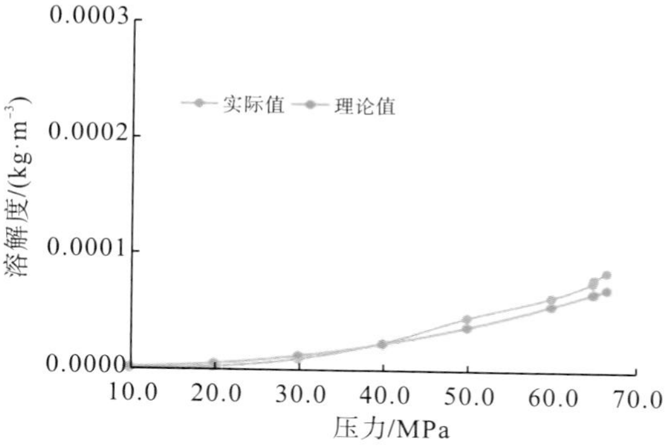

图 3-8　333.15K 时理论值与实际值对比

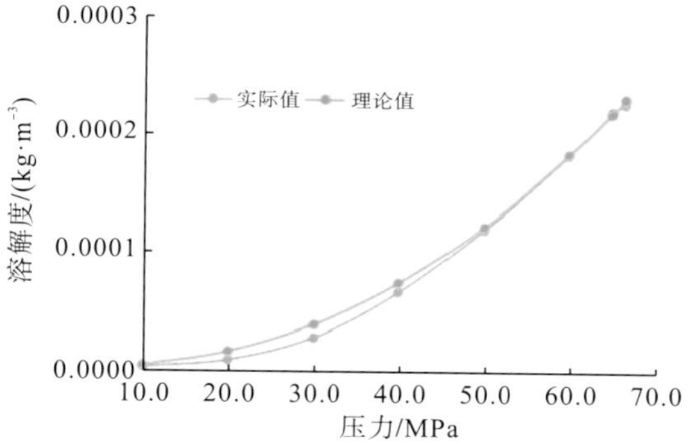

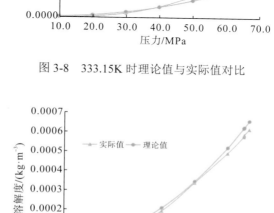

图 3-9　353.15K 时理论值与实际值对比

图 3-10　373.15K 时理论值与实际值对比

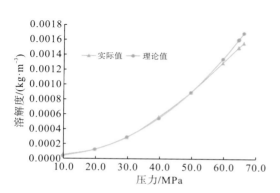

图 3-11　393.15K 时理论值与实际值对比

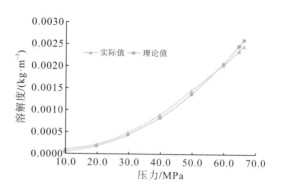

图 3-12　403.15K 时理论值与实际值对比

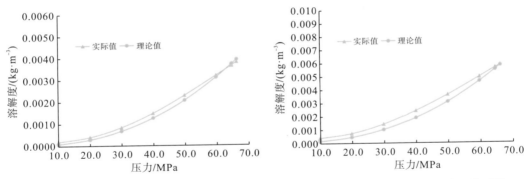

图 3-13　413.15K 时理论值与实际值对比　　图 3-14　423.15K 时理论值与实际值对比

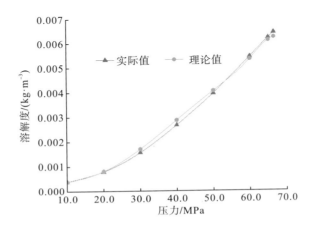

图 3-15　425.65K 时理论值与实际值对比

　　根据以上的对比图可以看出，总体而言，拟合结果与实际值较为接近，误差较小。但是，随着温度的增加，拟合结果误差增大，说明该公式更适用于 403K 以下的溶解度计算。

2. 基础数据 2

　　采用 Brunner 和 Woll(1980)文献中的气体组分以及硫溶解度实验数据，同样可以依据 Chrastil 模型回归拟合出该公式的 3 个参数。天然气组成见表 3-8，气体溶解度实验数据见表 3-9。

表 3-8　Brunner 文献中给出的天然气组成

CH_4	CO_2	H_2S	N_2
0.81	0.09	0.06	0.04

表 3-9　Brunner 文献中给出的气体溶解度实验数据

温度/K	压力/MPa	气体密度/(kg·m⁻³)	溶解度/(kg·m⁻³)
373.15	20	134	0.000050
	30	188	0.000136

续表

温度/K	压力/MPa	气体密度/(kg·m⁻³)	溶解度/(kg·m⁻³)
373.15	40	230	0.000266
	45	247	0.000476
	50	263	0.000415
	60	289	0.000687
393.15	20	125	0.000178
	30	176	0.000404
	40	215	0.000635
	50	247	0.001076
	60	273	0.001740
413.15	20	116	0.000385
	25	141	0.000562
	30	164	0.000661
	45	219	0.001420
	60	260	0.002410
433.15	10	56	0.000304
	25	133	0.000752
	45	207	0.001980
	60	248	0.003220

1)k 值拟合过程

根据 Chrastil(1982)文献中的介绍，可根据实际数据 $\ln C_r$ 和 $\ln \rho$ 的比值回归拟合，得到参数 k，具体拟合数据如表 3-10 所示。

表 3-10 k 值拟合数据

温度/K	压力/MPa	气体密度/(kg·m⁻³)	溶解度/(kg·m⁻³)	x：$\ln\rho$	y：$\ln C_r$
373.15	20	134	0.000050	4.90	−9.90
	30	188	0.000136	5.24	−8.90
	40	230	0.000266	5.44	−8.23
	45	247	0.000476	5.51	−7.65
	50	263	0.000415	5.57	−7.79
	60	289	0.000687	5.67	−7.28
393.15	20	125	0.000178	4.83	−8.63
	30	176	0.000404	5.17	−7.81
	40	215	0.000635	5.37	−7.36
	50	247	0.001076	5.51	−6.83
	60	273	0.001740	5.61	−6.35
413.15	20	116	0.000385	4.75	−7.86
	25	141	0.000562	4.95	−7.48

温度/K	压力/MPa	气体密度/(kg·m^{-3})	溶解度/(kg·m^{-3})	x: $\ln\rho$	y: $\ln C_r$
	30	164	0.000661	5.10	−7.32
413.15	45	219	0.001420	5.39	−6.56
	60	260	0.002410	5.56	−6.03
	10	56	0.000304	4.03	−8.10
433.15	25	133	0.000752	4.89	−7.19
	45	207	0.001980	5.33	−6.22
	60	248	0.003220	5.51	−5.74

如图 3-16 所示，不同温度回归拟合得到的 k 值也不同，所以取 k 的平均数：2.83。

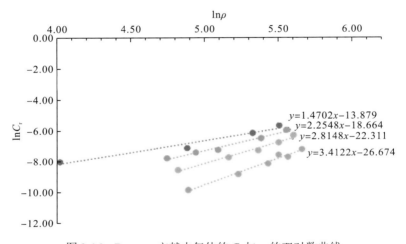

图 3-16　Brunner 文献中气体的 C_r 与 ρ 的双对数曲线

2) A、B 值拟合过程

得到参数 k 以后，则可进一步回归拟合得到另外两个参数 A 和 B 的大小，具体拟合数据如表 3-11 所示。

表 3-11　A、B 值拟合数据

温度/K	压力/MPa	气体密度/(kg·m^{-3})	溶解度/(kg·m^{-3})	x: $1/T$	y: $\ln C_x - 2.83\ln\rho$
373.15	20	134	0.00005	0.00268	−23.76437
393.15	20	125	0.00018	0.00254	−22.29785
413.15	20	116	0.00039	0.00242	−21.31493
373.15	30	188	0.00014	0.00268	−23.72199
393.15	30	176	0.00040	0.00254	−22.44657
413.15	30	164	0.00066	0.00242	−21.75438

续表

温度/K	压力/MPa	气体密度/(kg·m⁻³)	溶解度/(kg·m⁻³)	x: $1/T$	y: $\ln C_x - 2.83\ln\rho$
373.15	40	230	0.00027	0.00268	−23.62178
393.15	40	215	0.00064	0.00254	−22.56079
373.15	45	247	0.00048	0.00268	−23.24166
413.15	45	219	0.00142	0.00242	−21.80817
433.15	45	207	0.00198	0.00231	−21.31625
373.15	50	263	0.00042	0.00268	−23.55643
393.15	50	247	0.00108	0.00254	−22.42607
373.15	60	289	0.00069	0.00268	−23.31916
393.15	60	273	0.00174	0.00254	−22.22868
413.15	60	260	0.00241	0.00242	−21.76486
433.15	60	248	0.00322	0.00231	−21.34138

如图 3-17 所示，不同压力回归拟合得到的 A、B 值也不同，所以 A、B 值取平均数：$A=-7269$ 和 $B=-4$。

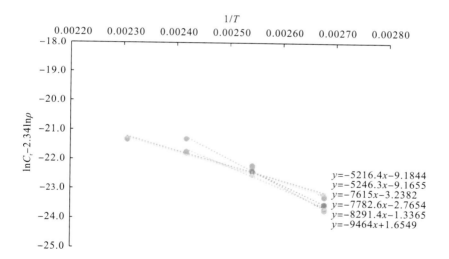

图 3-17　回归拟合 A、B 值

3）拟合结果

根据以上回归拟合过程，得到 $k=2.83$，$A=-7269$ 和 $B=-4$。所以适合于 Brunner 文献中的气体组分的 Chrastil 硫溶解度公式为

$$C_r = \rho^{2.33} e^{\left(-4-\frac{7269}{T}\right)} \tag{3-20}$$

用式（3-20）预测溶解度，再与实测值进行对比，结果如图 3-18～图 3-20 所示。

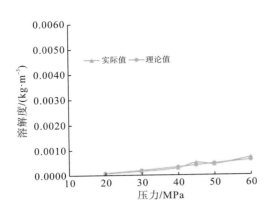

图 3-18　373.15K 时理论值与实际值对比　　　图 3-19　393.15K 时理论值与实际值对比

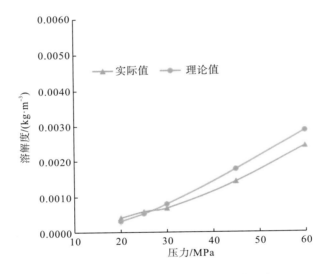

图 3-20　413.15K 时理论值与实际值对比

3. 西南油气田分公司数据验证模型

杨学锋等(2009b)以天东 5-1 井井口样为基础进行了相关研究，气体组成见表 3-12。将取得的井口样转入装有过量硫粉(超过 50g)的配样器中，按照高含硫气体中元素硫溶解度的测试步骤，对析出的 CS_2 进行挥发，挥发后对剩下的固体黄色物质进行称重。

表 3-12　天东 5-1 井井流物组成(%)

CH_4	C_2H_6	$C_3 \sim C_{7+}$	CO_2	H_2S	N_2	He
89.63	0.21	0.02	2.76	6.86	0.5	0.02

　　保持实验温度为 100℃，测定了不同压力下天东 5-1 井气体组分中元素硫的溶解度。为了对比，将元素硫溶解度换算到 1 个大气压和 0℃下，其实验结果见表 3-13 和图 3-21。

表 3-13　硫溶解度实验数据

实验温度/K	实验压力/MPa	硫溶解度/(kg·m^{-3})
373.15	16	0.0000420
373.15	24	0.0001686
373.15	28	0.0001939
373.15	32	0.0002011
373.15	36	0.0002682

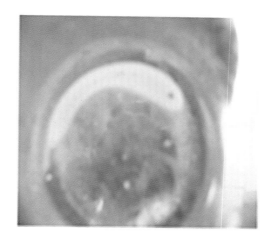

图 3-21　天东 5-1 井高含硫气体中析出的单质硫

　　由于天东 5-1 井的井流物组成与 Brunner 和 Woll 的文献中给出的气体相近，杨学锋的实验条件与该文献中 373.15K 的实验条件也相似，所以采用式(3-20)所示的数学模型与杨学锋的实验结果作对比，验证结果见表 3-14 和图 3-22。

表 3-14　计算结果与实验结果对比

温度/K	压力/MPa	实际值/(kg·m^{-3})	理论值/(kg·m^{-3})	相对误差/%
373.15	16	0.0000420	0.00004233	1
373.15	24	0.0001686	0.0001408	−16
373.15	28	0.0001939	0.0001798	−7
373.15	32	0.0002011	0.0002253	12
373.15	36	0.0002682	0.0002719	1

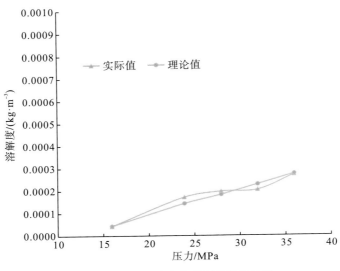

图 3-22 杨学锋给出的数据的验证结果

由以上的结果验证情况可以看出：

(1) 由于偶然性以及实验条件等原因，真实的实验数据具有一定的波动性，波动较大的地方与理论计算结果的误差较大；

(2) 忽略真实数据的波动性后，式(3-20)所示的数学模型的计算结果与杨学锋的实验数据较为接近，误差较小，说明该数学模型可以适用于天东 5-1 井硫溶解度的预测。

3.2.3 Chrastil 模型的影响因素排序

1. 根据拟合结果进行推导

首先，由于气体中的硫化氢和元素硫的物理、化学反应特别复杂，其对于硫溶解度的影响仅凭借 Chrastil 模型无法真实的反映出来，所以以下排序是在硫化氢含量一定的条件下探讨的。

以适合于元坝气藏的 Chrastil 硫溶解度公式 [式(3-19)] 为例，进行推导。

式(3-19)中，天然气密度可用下式计算：

$$\rho = 3483.28\gamma_{g}\frac{p}{TZ} \tag{3-21}$$

式中，γ_{g}——天然气的相对密度，无因次；

Z——压缩因子。

将公式(3-21)代入式(3-19)可得

$$C_{r} = M_{1}\left(\frac{p}{TZ}\right)^{2.26}\gamma_{g}^{2.26}\,\mathrm{e}^{\left(0.023-\frac{7742}{T}\right)} \tag{3-22}$$

其中，M_{1} 为一常数，$M_{1}=3483.28^{2.26}$。

利用指数函数的关系：

$$e^{\left(0.023-\frac{7742}{T}\right)} = T^{\log_T e^{\left(0.023-\frac{7742}{T}\right)}} \tag{3-23}$$

可将公式(3-22)改写为

$$C_r = M_1\left(\frac{p}{TZ}\right)^{2.26} \gamma_g^{2.26} T^{\log_T e^{\left(0.023-\frac{7742}{T}\right)}} \tag{3-24}$$

替换系数后，可简化为

$$C_r = M_2 p^a T^b \gamma_g^c \tag{3-25}$$

因为压缩因子 Z 为一个校正系数，无因次，所以 M_2 为一常数：

$$M_2 = M_1 \cdot Z^{-2.26} = 3483.28^{2.26} \cdot Z^{-2.26} \tag{3-26}$$

根据溶解度的公式，比较各参数指数的绝对值，可得到各因素对于溶解度影响程度的大小。

$$a = 2.26 \tag{3-27}$$

$$b = -2.26 + \log_T e^{\left(0.023-\frac{7742}{T}\right)} \tag{3-28}$$

$$c = 2.26 \tag{3-29}$$

显然：

$$0.023 - \frac{7742}{T} < 0 \tag{3-30}$$

$$e^{\left(0.023-\frac{7742}{T}\right)} < 1 \tag{3-31}$$

$$\log_T e^{\left(0.023-\frac{7742}{T}\right)} < 0 \tag{3-32}$$

所以：

$$|b| > 2.26 = |a| = |c| \tag{3-33}$$

即溶解度的影响因素排序：

$$T > p = \gamma_g \tag{3-34}$$

另外，相对密度可由气体组分得到：

$$\gamma_g = \frac{\sum\limits_{i=1}^n y_i M_i}{28.96} \tag{3-35}$$

式中，y_i——天然气组分 i 的摩尔组成；

　　　M_i——组分 i 的分子量。

根据式(3-35)可以看出：单个组分对于溶解度的影响小于气体相对密度对于溶解度的影响，且分子量越大的组分影响程度越大。所以：

$$\gamma_g > y_{CO_2} = y_{C_3H_8} > y_{C_2H_6} > y_{CH_4}$$

联立式(3-34)、式(3-35)，得出溶解度的影响程度排序为：

$$T > p > y_{CO_2} = y_{C_3H_8} > y_{C_2H_6} > y_{CH_4}$$

随着温度的增加，$|b|$ 减小，说明随着温度增加，其对于溶解度的影响程度逐渐降低。

2. 根据 Roberts 公式推导

国外学者 Roberts 在 Chrastil 经验关联式的基础上，利用 Brunner 和 Woll 针对含硫混合气体的硫溶解度实验数据，拟合出高压下元素硫溶解度的预测公式为 $C_r = \rho^4 \exp(-4666/T - 4.5711)$，同样按照前文的推导方法，可以推导出该公式的影响因素排序。

Roberts 公式可以简化为

$$C_r = M_2 p^{a'} T^{b'} r_g^{c'} \tag{3-36}$$

其中，

$$\begin{cases} a' = 4 \\ b' = -4 + \log_r e^{\left(-4.5711 - \frac{4666}{T}\right)} \\ c' = 4 \end{cases} \tag{3-37}$$

当 $T > 0$ 时（地层温度都满足该条件）：

$$-4.5711 - \frac{4666}{T} < 0 \tag{3-38}$$

$$e^{\left(-4.5711 - \frac{4666}{T}\right)} < 1 \tag{3-39}$$

$$\log_T e^{\left(-4.5711 - \frac{4666}{T}\right)} < 0 \tag{3-40}$$

所以：

$$|b| > 4 = |a| = |c| \tag{3-41}$$

即溶解度的影响因素排序为

$$T > p = \gamma_g \tag{3-42}$$

后面的推导过程与本小节第一部分相同，在此不再重复说明。

由此可见，虽然拟合出的参数不同，但是推导结果是相同的。根据不同的模型分析，也能得到同样的结果。这说明影响因素的排序是正确的。

综上所述，当硫化氢含量一定时，根据化学溶解度的经验公式推导得到：影响元素硫在酸性气体中溶解度的因素排序为：温度＞压力＞二氧化碳含量＞重烃含量及甲烷含量等。可以用下面的公式简单表示：

$$\xrightarrow{\text{影响程度由大到小}}$$
$$C_r = f(T)(p)(CO_2)(C_3H_8)(C_2H_6)(CH_4) \tag{3-43}$$

3.2.4 Chrastil 模型的影响因素计算分析

由前文论述可知，适合于元坝气藏的 Chrastil 硫溶解度公式为

$$C_r = \rho^{2.26} e^{0.023 - \frac{7742}{T}} \tag{3-44}$$

1. 温度变化对硫溶解度的影响

1）Chrastil 公式计算结果

假设压力为 50MPa，按照元坝气井中气体的具体组分，根据以上的 Chrastil 硫溶解度公式，计算得到温度变化对硫溶解度的影响，见表 3-15 和图 3-23。

表 3-15 温度变化对硫溶解度的影响程度

温度/K	溶解度/$(kg \cdot m^{-3})$	温度变化率/%	溶解度变化率/%
343.15	0.00007	—	—
348.15	0.00010	1	35.14
353.15	0.00013	3	80.93
358.15	0.00017	4	140.15
363.15	0.00022	6	216.13
368.15	0.00029	7	312.88
373.15	0.00038	9	435.17
378.15	0.00049	10	588.66
383.15	0.00062	12	779.99
388.15	0.00079	13	1016.96
393.15	0.00099	15	1308.63
398.15	0.00125	16	1665.48
403.15	0.00155	17	2099.57
408.15	0.00192	19	2624.71
413.15	0.00237	20	3256.60

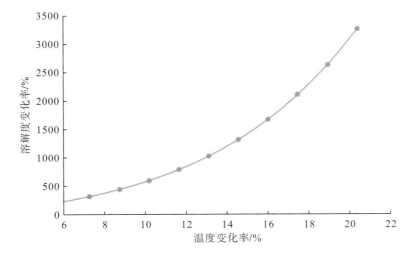

图 3-23 温度变化对硫溶解度的影响图

2）相关文献验证

同一压力条件下，温度越高，硫在酸性气体中的溶解度越大，且增加的幅度很大，具体如表 3-16、图 3-24 所示，其变化规律与 Chrastil 公式的计算结果相符。

表 3-16　不同温度、压力下的硫溶解度数据

温度/℃	压力/MPa	溶解度/(g·m⁻³)
	20.00563	0.063236449
	29.98875	0.12509819
100	39.73558	0.28593873
	49.7384	0.42890809
	59.09142	0.72446976
	19.86779	0.19658288
	29.73277	0.41103692
120	39.73558	0.6351139
	49.87623	1.0736449
	59.74121	1.7458759
	20.00563	0.37529458
	24.8692	0.54575805
140	29.98875	0.68047918
	44.87482	1.4049489
	59.99719	2.389238
	10.00281	0.31343284
	25.00703	0.75196386
160	44.73699	1.9864493
	59.74121	3.2223095

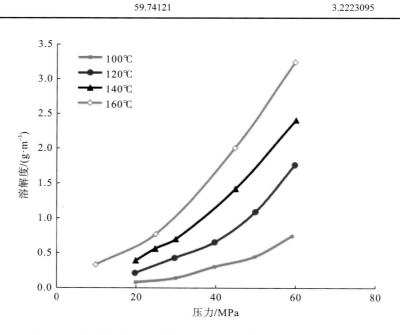

图 3-24　不同温度下元素硫在酸性气体中的溶解度随压力的变化

2. 压力变化对硫溶解度的影响

1) Chrastil 公式计算结果

假设温度为 373.13K，按照元坝 204-1 井中气体的具体组分，根据前文的 Chrastil 硫溶解度公式可以计算出不同压力下的硫溶解度，以及压力变化程度与硫溶解度变化程度的关系（表 3-17、图 3-25）。

表 3-17　压力变化对硫溶解度的影响程度

压力/MPa	溶解度/$(kg \cdot m^{-3})$	压力变化率/%	溶解度变化率/%
30	0.00011	—	—
35	0.00016	17	43.46
40	0.00022	33	96.07
45	0.00029	50	158.30
50	0.00038	67	230.51
55	0.00047	83	313.09
60	0.00058	100	406.38
65	0.00070	117	510.68
70	0.00083	133	626.32
75	0.00097	150	753.58
80	0.00113	167	892.73
85	0.00131	183	1044.04
90	0.00149	200	1207.76
95	0.00169	217	1384.13
100	0.00191	233	1573.40

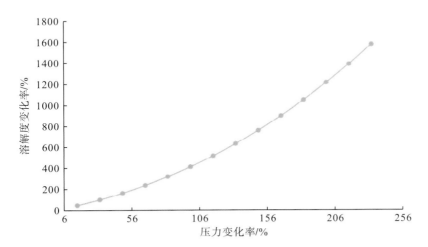

图 3-25　压力变化对硫溶解度的影响

2) 相关文献验证

如图 3-26 所示：同一温度条件下，随着压力的增加，溶解度也相应增加，且压力-溶解度曲线斜率也同时增加，其变化过程和变化幅度与 Chrastil 公式的计算结果相符。

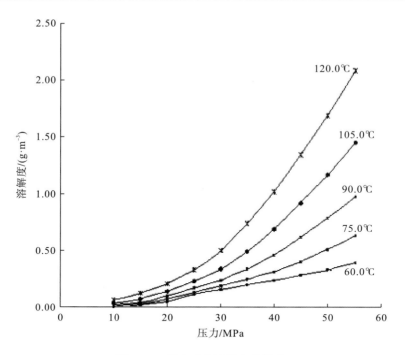

图 3-26 压力对硫溶解度的影响

3. 高烷烃含量变化对硫溶解度的影响

1) Chrastil 公式计算结果

压力为 50MPa，温度为 373.13K 时，计算高烷烃含量变化对硫溶解度的影响，见表 3-18 和图 3-27。

表 3-18 高烷烃含量变化对硫溶解度的影响程度

H_2S/%	CH_4/%	C_3H_8/%	相对密度	溶解度/(kg·m⁻³)	高烷烃含量变化率/%	溶解度变化率/%
0.05	0.90	0.05	0.632	0.00040	—	—
0.05	0.89	0.06	0.642	0.00041	20	3.6
0.05	0.88	0.07	0.651	0.00043	40	7.3
0.05	0.87	0.08	0.661	0.00044	60	11.1
0.05	0.86	0.09	0.671	0.00046	80	14.9
0.05	0.85	0.10	0.680	0.00047	100	18.8
0.05	0.84	0.11	0.690	0.00049	120	22.8
0.05	0.83	0.12	0.700	0.00051	140	26.9
0.05	0.82	0.13	0.709	0.00052	160	31.0
0.05	0.81	0.14	0.719	0.00054	180	35.3
0.05	0.80	0.15	0.729	0.00056	200	39.5

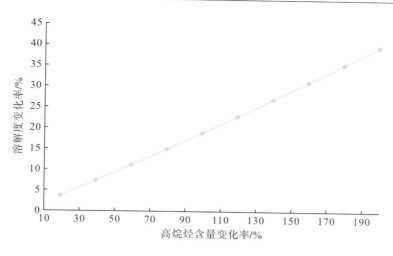

图 3-27　高烷烃含量变化对硫溶解度的影响图

2) 相关文献验证

硫的溶解度除了和温度、压力等热力学条件有关外，还与气体中组分的含量有关。实验表明，硫在酸气中的溶解度直接与酸气中凝析气的多少以及凝析气的碳原子数有关。高烷烃含量越多，硫的溶解度越高。从图 3-28 可以看出三种酸性气体中的乙烷和正丁烷对硫溶解度的影响，通过对 2#样和 3#样进行比较，可知烃类气体中的碳原子数越多，硫的溶解度越大，见表 3-19 所示。

　　1#气体组分：$35\%H_2S+8\%CO_2+57\%CH_4$；

　　2#气体组分：$35\%H_2S+8\%CO_2+45\%CH_4+12\%C_2H_6$；

　　3#气体组分：$35\%H_2S+8\%CO_2+37\%CH_4+20\%C_4H_{10}$。

表 3-19　不同组分天然气溶解度随压力的变化

气体组分	压力/MPa	溶解度/$(g \cdot m^{-3})$
	31	0.14336084
1#	47.078947	0.6564141
	79.210526	1.199925
	7.1842105	0
	11.157895	0
	15.131579	0.007876969
	17.578947	0.030457614
2#	22.315789	0.087171793
	29.131579	0.20007502
	35.921053	0.40382596
	43.868421	0.66429107
3#	7.1842105	0.011552888
	8.8947368	0.015228807

气体组分	压力/MPa	溶解度/(g·m⁻³)
	11.736842	0.023105776
	20.789474	0.15858965
3#	29.131579	0.36969242
	36.868421	0.62648162
	43.289474	0.82288072

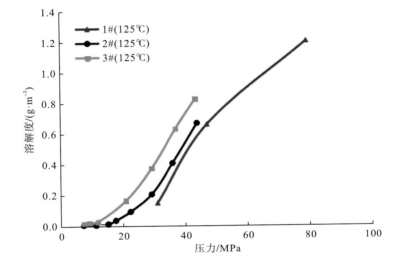

图 3-28 乙烷和正丁烷对元素硫溶解度影响

4. H₂S 含量变化对硫溶解度的影响

虽然前文的公式不能体现硫化氢含量的影响程度，但是不能否认，硫化氢含量对硫溶解度的影响是很大的。

有研究表明，硫化氢组分比天然气中其他组分对硫的溶解度影响更大，这是由相似相容原理导致的。硫化氢组分含量越高，硫的溶解度越大（表 3-20、图 3-29），发生硫沉积的可能性越大。据统计，H_2S 含量达到 30%以上的井，绝大部分都发生了元素硫的沉积。图 3-29 是 H_2S 的含量与元素硫的溶解度的关系曲线。从图中可以看出，在酸性天然气中，硫的溶解度随 H_2S 组分含量的增加而增大。虽然 H_2S 含量越多，发生硫沉积的可能性越大，但这并不是唯一的因素。有的酸性天然气中硫化氢含量高达 34.35%也未见硫堵，而有的天然气中硫化氢含量仅为 8.4%就发生硫堵。

表 3-20 120℃、不同组分时元素硫的溶解度数据

H_2S/%	CH_4/%	C_2H_6/%	压力/MPa	溶解度/(g·m⁻³)
1	81	18	0	0.04726101
			2.0597015	0.060150376

H$_2$S/%	CH$_4$/%	C$_2$H$_6$/%	压力/MPa	溶解度/(g·m^{-3})
			4.7761194	0.066595059
			7.3432836	0.088077336
			9.9701493	0.10741139
			12.985075	0.12889366
			16.38806	0.1546724
			19.761194	0.19548872
			22.507463	0.23630505
			25.343284	0.28356606
1	81	18	28.626866	0.32438238
			31.462687	0.38668099
			35.044776	0.46616541
			38.985075	0.58216971
			44.567164	0.75832438
			49.731343	0.97529538
			53.313433	1.1450054
			56.059701	1.3276047
			59.641791	1.5445757
			0	0.04726101
			1.2238806	0.06015037
			3.3731343	0.07303974
			6.119403	0.1009667
			8.4776119	0.10741139
			11.104478	0.12889366
			13.850746	0.14822771
			16.955224	0.19548872
			19.104478	0.23630505
			22.119403	0.28356606
7	65	28	25.223881	0.33727175
			28.059701	0.41245972
			31.641791	0.49409237
			35.402985	0.59505908
			39.373134	0.73254565
			43.134328	0.87432868
			46.895522	1.056928
			50.686567	1.2459721
			53.701493	1.443609
			55.850746	1.6326531
			59.343284	1.924812
20	60	20	0	0.088077336
			3.1044776	0.11385607

续表

$H_2S/\%$	$CH_4/\%$	$C_2H_6/\%$	压力/MPa	溶解度/$(g \cdot m^{-3})$
			5.1641791	0.1546724
			7.1343284	0.18259936
			9.7014925	0.216971
			12.895522	0.27067669
			16.179104	0.33727175
			20.537313	0.4189044
			24.208955	0.52846402
			27.701493	0.67024705
			31.552239	0.83995704
20	60	20	35.791045	1.0784103
			40.119403	1.3619764
			44	1.7207304
			47.19403	2.0537057
			49.462687	2.33942
			51.701493	2.6573577
			53.791045	2.9752954
			55.19403	3.2201933
			56.507463	3.4564984
			57.731343	3.688507
			58.686567	3.9

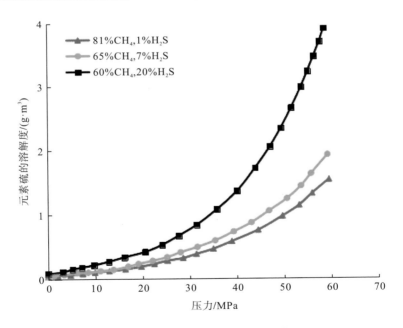

图 3-29　120℃时元素硫的溶解度

5. 影响因素对比

　　根据前文分析的结果，可分析对比得到温度、压力、高烷烃含量等影响因素的影响程度排序，具体如图 3-30 所示。

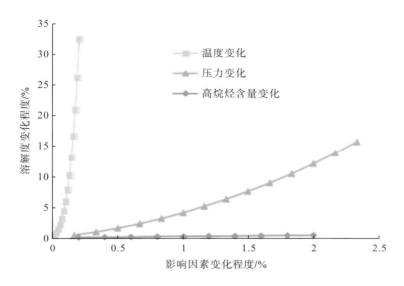

图 3-30　各因素变化对于溶解度的影响

　　如图 3-30 所示，影响因素的影响程度从大到小的排序是：温度、压力和高烷烃含量。分析结果与前文的公式推导结果相同，说明公式推导过程是对的，得到的分析结果正确可靠。

3.3　硫溶解度缔合模型

　　虽然状态方程在大部分 SCF（超临界流体）体系相平衡数据的关联计算中取得了较为满意的结果，但对某些 SCF 体系的关联偏差较大，还有待进一步深入研究和完善。经验关联法（本书中的缔合模型）比较简单，并且不需要组分的基础物性资料数据，应用到许多体系中都曾取得了相当满意的结果，因而对 SCF 体系的相平衡计算也是一种重要方法。下面利用超临界流体多相平衡原理解决高含硫天然气混合物与元素硫之间的平衡关系。这是考虑在地层条件下，将高含硫天然气处理为超临界或接近临界流体态，因此本节通过这种理论研究建立高含硫气体中元素硫溶解度的关联模型和预测模型。

3.3.1　元素硫缔合模型一般式的推导

　　硫在高含硫气体中的溶解机理包括物理溶解和化学溶解。下面先利用超临界流体中缔合模型的相关理论解释这两种溶解机理，然后建立包含两种溶解作用的缔合模型。

为了建立溶解度数学模型，假设存在以下萃取过程，分为三步：

(1)溶质分子 A 由其主流扩散到两相界面；

(2)分子 A 穿过界面进入溶剂相；

(3)分子 A 在界面上和/或溶剂相内与溶剂分子 B 发生缔合作用，即

$$A + nB \rightleftharpoons AB_n \tag{3-45}$$

一般认为，只有当体系的压力大于起始萃取压力时，缔合产物 AB_n 才存在。

(1)物理溶解。硫的物理溶解是指在温度不变的情况下，硫分子溶解在高含硫气体中，此时超临界态的硫与固态硫就处于一种平衡关系，如下所示：

$$S_{x(s)} \rightleftharpoons S_{x(f)} \tag{3-46}$$

其平衡常数为：$K_1 > \dfrac{f_4}{f_1}$。

(2)化学溶解。处于超临界流体相的硫原子与硫化氢由于弱化学作用发生缔合反应，硫、硫化氢以及多硫化物之间达到相平衡，即满足：

$$S_{x(f)} + nH_2S_{(f)} \rightleftharpoons (H_2S)_n S_{x(f)} \tag{3-47}$$

其平衡常数为：$K_2 = \dfrac{f_3}{f_2^n f_4}$。

式中，S——硫元素；

f——物质的逸度；

下标 s——固相硫；

下标 f——超临界流体状态下的元素硫；

下标 x——硫原子的个数，$x=1$，$\cdots$，8；

下标 1——被萃取的溶质，即 $S_{x(s)}$；

下标 2——SCF 溶剂相中的溶剂分子，即 $H_2S_{x(f)}$；

下标 3——SCF 溶剂相中的溶剂化缔合分子，即 $(H_2S)_n S_{x(f)}$；

下标 4——进入 SCF 溶剂相中的溶质分子 A，即 $S_{x(f)}$。

同时考虑物理溶解与化学溶解，联立式(3-46)、式(3-47)，则有

$$S_{x(s)} + nH_2S_{(f)} \rightleftharpoons (H_2S)_n S_{x(f)}$$

其平衡常数为

$$K = K_1 \times K_2 = \frac{f_3}{f_2^n f_1} \tag{3-48}$$

归纳统计分析众多实验数据可知，高含硫气体混合物中元素硫的摩尔分数一般都比较小，通常变化范围为 $10^{-2} \sim 10^{-4}$，因此如果将超临界相中各组分的摩尔分数用 y 来表示，有

$$\sum_{i=1}^{3} y_i \approx y_2 + y_3 = 1 \tag{3-49}$$

令 $y_3 = y$，则 $y_2 = 1 - y$。

将溶质在系统温度压力下的纯态作为标准态，采用逸度来进行替换，则各组分表示如下：

$$f_2 = (1-y)\varphi_2 p \tag{3-50}$$

$$f_3 = y\varphi_3 p \tag{3-51}$$

式中，φ_2、φ_3——超临界相中 $H_2S_{(f)}$、$(H_2S)_n S_{x(f)}$ 的逸度系数；

$\quad\quad p$——系统压力。

固态硫的逸度有如下表示：

$$f_1 = x_1\gamma_1 f_1^0 \tag{3-52}$$

$$f_1^0 = f_1^* \exp\left[\frac{V_s}{RT}\left(p-p_1^*\right)\right] \tag{3-53}$$

$$f_1^* = \varphi_1^* p_1^* \tag{3-54}$$

式中，p_1^*、φ_1^*——分别指纯固体溶质的饱和蒸气压和在饱和蒸气压下的逸度系数；

$\quad\quad V_s$——溶质的固态摩尔体积；

$\quad\quad$指数项——Poynting 校正因子。

联立式(3-48)～式(3-54)，得到：

$$\frac{y}{(1-y)^n} = \frac{K p_1^* \varphi_1^* \gamma_1 x_1 \varphi_2^n}{\varphi_3} p^{n-1} \exp\left[\frac{V_1}{RT}\left(p-p_1^*\right)\right] \tag{3-55}$$

对于纯固体：$x_1 = 1$、$\gamma_1 = 1$。

从而得到纯固体的溶解度表达式为

$$\frac{y}{(1-y)^n} = \frac{K \varphi_1^* p_1^* \varphi_2^n}{\varphi_3} p^{n-1} \exp\left[\frac{V_1}{RT}\left(p-p_1^*\right)\right] \tag{3-56}$$

式(3-55)就是本书得到的固体溶质在 SCF 相平衡中的溶解度的缔合模型的一般式。式中的 n 可以为小数，因为在弱缔合时几个溶质分子可以共同与一个溶剂分子结合。

3.3.2　元素硫缔合模型一般式的讨论

1. 物理溶解

当只考虑物理溶解时，$n=0$，此时 $K=1$，式(3-56)变为

$$y = \frac{f_1^* \exp\left[\dfrac{V_1}{RT}\left(p-p_1^*\right)\right]}{\varphi_3 p} \tag{3-57}$$

令：

$$E = \frac{yp}{p_1^*} \tag{3-58}$$

得到：

$$\ln E = \frac{V_s}{RT}\left(p-p_1^*\right) - \ln\varphi_1 \tag{3-59}$$

式中，E 值几乎总是大于 1，故称 E 为溶质溶解度的增强因子，当 $E\to 1$ 即 $p\to p_1^*$ 时，固体硫在气体中的溶解度恢复到它在理想气体中的溶解度。换言之，E 表征压力对固体溶质

在气体中溶解度的增强程度。式(3-58)即为目前相关文献中常用的利用状态方程法进行溶解度计算的公式，用不同的状态方程计算逸度系数 φ_1，可以得到不同的 E 的表达式。

2. 化学溶解

若将 SCF(超临界流体)看成理想气体，由式(3-56)得

$$\frac{y}{(1-y)^n} = Kp_1^* p^{n-1} \tag{3-60}$$

由于固体在 SCF 中的溶解度很小，即 $y \ll 1$，且：

$$\ln K = -\frac{\Delta H^0}{RT} + \frac{\Delta S^0}{R} \tag{3-61}$$

对于理想气体有

$$\frac{yp}{p_1^*} = \frac{c_1}{c_1^0} \tag{3-62}$$

$$p = h\rho \tag{3-63}$$

可整理得

$$c_1 = \rho^n \exp\left(\frac{m_1}{T} + m_2\right) \tag{3-64}$$

其中：

$$m_1 = -\frac{\Delta H^0}{R} \tag{3-65}$$

$$m_2 = \frac{\Delta S^0}{R} + \ln c_1^0 + n\ln h \tag{3-66}$$

式(3-64)即为仅考虑化学作用时，超临界流体中固体溶质溶解度的计算公式。

3.3.3　缔合模型 1

同时考虑物理与化学溶解，$1-y \approx 1$，有

$$y = \frac{Kp_1^* \varphi_1^* \varphi_2^n \exp\left[\frac{V_1}{RT}\left(p - p_1^*\right)\right]}{\varphi_3} p^{n-1} \tag{3-67}$$

根据增强因子的定义式，即

$$E = \frac{yp}{p_1^*} \tag{3-68}$$

将增强因子代入式(3-67)并对两边取自然对数得到：

$$\ln E = n\ln p + \frac{V_1\left(p - p_1^*\right)}{RT} + \ln K + \ln \frac{\varphi_1^* \varphi_2^n}{\varphi_3} \tag{3-69}$$

又因：

$$p = \frac{ZRT\rho}{M} \tag{3-70}$$

同时，根据平衡常数的公式：

$$\ln K = -\frac{\Delta H^0}{RT} + \frac{\Delta S^0}{R}$$ (3-71)

式(3-69)可变为

$$\ln E = n\ln(\rho T) + \frac{Z_\rho V_1}{M} - \left(\frac{V_1 p_1^*}{R} + \frac{\Delta H^0}{R}\right)\bigg/ T + \left(\frac{\Delta S^0}{R} + n\ln\frac{ZR}{M}\right) + \ln\frac{\varphi_2^n \varphi_1^*}{\varphi_3}$$ (3-72)

令 $c_2' = \dfrac{ZV_1}{M}$，同时令

$$f(T,p) = -\left(\frac{V_1 p_1^*}{R} + \frac{\Delta H^0}{R}\right)\bigg/ T + \left(\frac{\Delta S^0}{R} + n\ln\frac{ZR}{M}\right) + \ln\frac{\varphi_2^n \varphi_1^*}{\varphi_3}$$ (3-73)

$f(T,p)$ 是一个十分复杂的函数，为了实用化，可以把压力和温度的函数考虑为压力和密度的函数，则式(3-73)简化为

$$f(T,P) = c_2''\rho + \frac{c_3}{T} + c_4$$ (3-74)

得到：

$$\ln E = n\ln(\rho T) + c_2'\rho + c_2''\rho + \frac{c_3}{T} + c_4$$ (3-75)

令 $c_1 = n$，$c_2 = c_2' + c_2''$，其中 $c_i (i=1，2，3，4)$ 为待定系数，则式(3-75)可变为(缔合模型1)：

$$\ln E = c_1\ln(\rho T) + c_2\rho + \frac{c_3}{T} + c_4$$ (3-76)

式(3-76)即为考虑物理与化学溶解的计算溶解度的新缔合模型。方程右边第一项参数与压力的变化有关，第二项与密度即气体组成变化有关，第三项与温度的变化有关。其中各待定系数可由相关文献发表的或实验测定的溶解度数据进行回归分析求得。

为了研究元素硫在高含硫气藏中溶解度缔合模型的适用性，以 Sun 和 Chen(2003)的实验为例，该混合物体系主要由 H_2S、CH_4 和 CO_2 组成，共计 7 组混合物，其详细组成见表 3-21，利用 MATLAB 拟合得到的各系数见表 3-22，硫溶解度实验值与由缔合模型得出的计算值的对比见表 3-23。

表 3-21　实验气体组分数据

	H_2S	CO_2	CH_4
1	0.0495	0.0740	0.8765
2	0.0993	0.0716	0.8291
3	0.1498	0.0731	0.7771
4	0.1771	0.0681	0.7548
5	0.2662	0.0700	0.6638
6	0.1000	0.0086	0.8914
7	0.1003	0.1039	1.7958

表 3-22　拟合得到的各系数值

c_1	$c_2/10^5$	c_3	c_4
−8.112	4.930	−1073.040	138.562
13.241	−3.050	6423.799	−253.583
32.572	−8.830	11971.870	−608.999
49.148	−13.200	16919.100	−916.261
27.158	−5.220	8661.957	−511.241
6.715	−1.160	4457.305	−132.846
9.519	−1.670	5148.501	−185.578

表 3-23　硫溶解度实验值与计算值对比表

	T/K	p/MPa	Z	$\rho/(kg \cdot m^{-3})$	$y_s/10^{-5}$	$y/10^{-5}$	AAD/%
第一组	303.2	30	0.849	265.823	0.493	0.485	−1.529
	303.2	40	0.980	307.133	0.917	0.866	−5.520
	323.2	30	0.879	240.781	0.725	0.734	1.261
	323.2	40	0.992	284.627	1.114	1.234	10.750
	343.2	35	0.954	243.827	1.328	1.276	−3.896
	343.2	40	1.006	264.206	1.528	1.592	4.189
	363.2	40	1.021	245.992	1.921	1.939	0.944
	363.2	45	1.072	263.641	2.476	2.348	−5.189
第二组	303.2	30	0.815	289.126	0.777	0.780	0.437
	303.2	40	0.950	330.467	1.052	0.972	−7.635
	323.2	30	0.846	261.249	1.030	0.943	−8.407
	323.2	40	0.962	306.263	1.319	1.468	11.326
	343.2	35	0.923	262.889	1.367	1.506	10.165
	343.2	40	0.977	284.026	1.712	1.924	12.382
	363.2	40	0.993	264.025	2.410	2.274	−5.634
	363.2	45	1.045	282.377	3.105	2.810	−9.513
第三组	303.2	30	0.779	316.826	1.031	1.007	−2.311
	303.2	40	0.920	357.608	1.214	1.064	−12.371
	323.2	30	0.810	285.828	1.245	1.190	−4.390
	343.2	35	0.891	285.571	2.017	2.145	6.324
	363.2	40	0.963	285.349	4.341	3.864	−10.994
	363.2	45	1.016	304.391	5.821	5.240	−9.978
第四组	303.2	20	0.657	254.886	0.105	0.110	4.653
	303.2	30	0.763	329.012	1.162	1.163	0.058
	303.2	40	0.907	369.083	1.415	1.251	−11.618
	323.2	30	0.794	296.740	1.293	1.183	−8.519
	323.2	40	0.917	342.435	2.131	2.434	14.210
	343.2	35	0.876	295.448	2.332	2.276	−2.396
	363.2	40	0.949	294.490	5.397	4.613	−14.534
	363.2	45	1.002	313.714	7.109	7.258	2.098

续表

	T/K	p/MPa	Z	$\rho/(kg \cdot m^{-3})$	$y_s/10^{-5}$	$y/10^{-5}$	AAD/%
第五组	303.2	30	0.707	383.127	1.662	1.592	-4.186
	303.2	40	0.860	419.928	2.367	2.109	-10.894
	323.2	30	0.734	346.269	2.086	2.130	2.128
	343.2	35	0.820	340.328	4.120	4.322	4.896
	343.2	40	0.880	362.551	6.231	6.601	5.942
	363.2	40	0.897	336.064	9.998	8.695	-13.030
	363.2	45	0.953	355.912	13.166	13.023	-1.086
第六组	303.2	30	0.842	254.907	0.712	0.709	-0.434
	303.2	40	0.974	293.910	0.991	0.878	-11.366
	323.2	30	0.873	230.774	1.022	0.936	-8.379
	343.2	35	0.948	233.410	1.328	1.459	9.839
	343.2	40	1.001	252.777	1.572	1.740	10.676
	363.2	40	1.016	235.276	2.223	2.106	-5.260
	363.2	45	1.067	252.057	2.769	2.446	-11.676
第七组	303.2	30	0.800	308.228	0.795	0.804	1.183
	303.2	40	0.938	350.522	1.109	1.014	-8.603
	323.2	30	0.831	278.284	1.135	1.012	-10.825
	323.2	40	0.949	324.905	1.349	1.524	12.994
	343.2	35	0.910	279.218	1.397	1.600	14.512
	343.2	40	0.964	301.230	1.782	1.997	12.064
	363.2	40	0.981	279.844	2.555	2.373	-7.115
	363.2	45	1.032	298.989	3.197	2.878	-9.968

注：y 表示通过公式计算得到的摩尔分数；y_s 表示实验得出的摩尔分数。后同。

从表 3-23 中可以看出，缔合模型与文献中的实验数据有较好的一致性，AAD 绝对值最大的超过 14.5%，AAD 绝对值的平均值约为 7.3%，说明了模型的可靠性。

同时，采用元坝气田的数据进行拟合，其天然气的详细组成见表 3-24，利用 MATLAB 拟合得到的各系数见表 3-25，硫溶解度实验值与计算值的对比见表 3-26。

表 3-24　元坝 204-1 井天然气组成

CH_4	C_2H_6	CO_2	H_2S	N_2	He	H_2
0.9188	0.0005	0.0477	0.027	0.0058	0.0001	0.0001

表 3-25　拟合得到的各系数值

c_1	c_2	c_3	c_4
-0.229	0.017	-6296.990	1.357

表 3-26   硫溶解度实验值与计算值对比表

T/K	p/MPa	$W_s/(\text{g}\cdot\text{m}^{-3})$	$y_s/10^{-5}$	$y/10^{-5}$	AAD/%
	10	0.085	0.141	0.154	9.101
	20	0.204	0.168	0.184	9.322
	30	0.472	0.271	0.275	1.553
403.15	40	0.887	0.409	0.400	−2.340
	50	1.436	0.576	0.539	−6.432
	60	2.013	0.730	0.684	−6.292
	64.88	2.326	0.811	0.755	−6.887
	10	0.161	0.276	0.286	3.459
	20	0.374	0.319	0.328	2.780
	30	0.809	0.480	0.477	−0.529
	40	1.453	0.692	0.683	−1.296
413.15	50	2.268	0.934	0.919	−1.622
	60	3.167	1.176	1.168	−0.710
	64.88	3.611	1.288	1.290	0.177
	66.52	3.778	1.320	1.378	4.386
	10	0.374	0.666	0.590	−11.375
	20	0.779	0.693	0.649	−6.240
	30	1.542	0.952	0.915	−3.902
	40	2.655	1.312	1.288	−1.864
425.65	50	3.947	1.680	1.721	2.430
	60	5.428	2.076	2.186	5.257
	64.88	6.159	2.259	2.417	6.980
	66.52	6.413	2.322	2.495	7.429

从表 3-26 中可以看出，缔合模型与文献中的实验数据有较好的一致性，AAD 绝对值最大的为 11.375%，AAD 绝对值的平均值约为 4.45%，进一步说明了模型的可靠性。将表中的硫溶解度实验值与模型预测值的对比结果绘成图，见图 3-31～图 3-33。

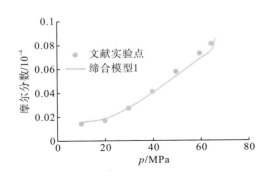

图 3-31   硫溶解度实验值与模型
预测值对比(T=403.15K)

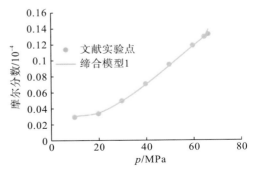

图 3-32   硫溶解度实验值与模型
预测值对比(T=413.15K)

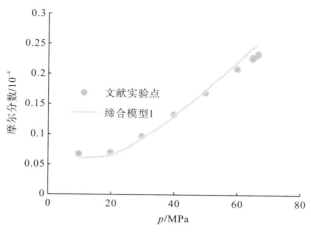

图 3-33　硫溶解度实验值与模型预测值对比（T=425.65K）

为了研究元素硫在高含硫气藏中溶解度的缔合模型 1 在纯 H_2S、CO_2 和 CH_4 中的适用性，以确定缔合模型 1 适用的边界条件，以 Brunner 和 Woll（1980）以及 Gu 等（1993）文献上的实验数据为例。利用 MATLAB 拟合得到的元素硫分别在纯 H_2S、纯 CO_2、纯 CH_4 中的溶解度缔合模型 1 的各系数见表 3-27、表 3-29 和表 3-31，元素硫分别在纯 H_2S，纯 CO_2 和纯 CH_4 中的溶解度实验值与由缔合模型 1 得出的计算值的对比见表 3-28（图 3-34～图 3-36）、表 3-30（图 3-37、图 3-38）、表 3-32（图 3-39）。

表 3-27　元素硫在纯 H_2S 中的溶解度由缔合模型 1 拟合得到的各系数值

c_1	c_2	c_3	c_4
-9.165	0.030	-6078.190	110.55

表 3-28　硫在纯 H_2S 中溶解度实验值与计算值对比表

T/K	p/MPa	Z	ρ/(kg·m^{-3})	y_s/10^5	y/10^5	AAD/%
	10	0.327	514	2.734	2.383	-14.707
	10	0.327	514	3.319	2.383	-39.287
	12	0.239	558	1.778	3.505	49.273
	18	0.323	620	3.980	5.722	30.436
373.15	30	0.489	679	9.011	8.771	-2.734
	30	0.489	679	9.156	8.771	-4.391
	40	0.626	716	13.507	12.283	-9.962
	50	0.760	742	19.701	15.467	-27.375
	12	0.451	381	3.418	1.533	-122.993
	15	0.341	500	2.854	3.614	21.030
393.15	15	0.341	500	3.182	3.614	11.957
	20	0.374	570	4.723	6.671	29.206
	32	0.526	644	11.895	12.559	5.287
	40	0.629	677	16.145	17.115	5.671

续表

T/K	p/MPa	Z	$\rho/(\text{kg}\cdot\text{m}^{-3})$	$y_s/10^5$	$y/10^5$	AAD/%
393.15	51	0.773	710	25.018	23.371	−7.051
	60	0.885	732	36.009	29.070	−23.869
	15	0.591	248	4.063	5.638	27.940
	19.6	0.512	380	4.762	4.542	−4.836
	24	0.510	456	7.891	6.830	−15.537
	24	0.510	456	8.270	6.830	−21.079
	30	0.551	531	11.795	12.860	8.278
	30	0.551	531	12.224	12.860	4.942
433.15	40	0.653	592	20.889	22.219	5.988
	40	0.653	592	21.679	22.219	2.430
	45	0.706	610	27.218	25.765	−5.641
	52	0.789	638	34.455	34.249	−0.602
	60	0.875	662	43.125	43.492	0.844
	60	0.875	662	44.341	43.492	−1.953

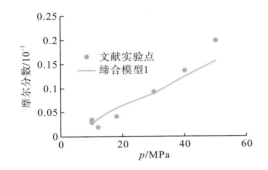

图 3-34　硫在纯 H_2S 中的溶解度实验值与
模型预测值对比（T=373.15K）

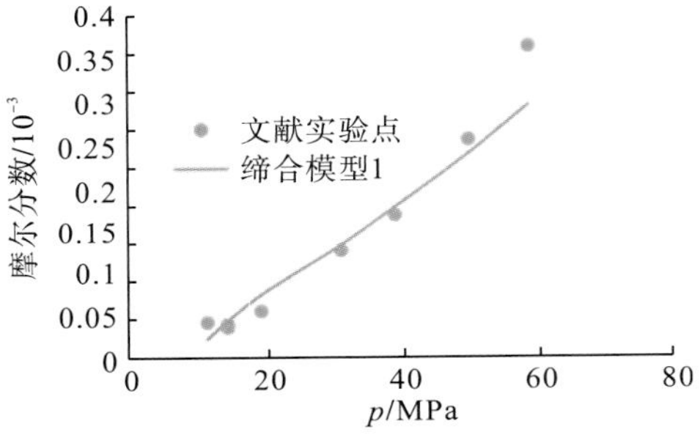

图 3-35　硫在纯 H_2S 中溶解度实验值与
模型预测值对比（T=393.15K）

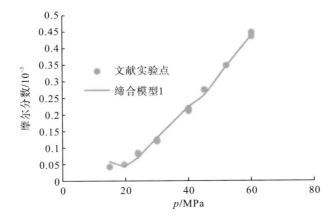

图 3-36　硫在纯 H_2S 中的溶解度实验值与模型预测值对比（T=433.15K）

表 3-29　元素硫在纯 CO_2 中的溶解度由缔合模型 1 拟合得到的各系数值

T/K	c_1	$c_2/10^5$	c_3	c_4
363.2	−1.370	1.170	0.000	18.592
383.2	2.172	0.324	0.000	−43.678

注：由于每组硫溶解度实验中温度恒定，故温度项的系数 $c_3=0$。

表 3-30　元素硫在纯 CO_2 中的溶解度实验值与计算值对比表

p/MPa	T/K	Z	$\rho/(kg \cdot m^{-3})$	$y_s/10^{-5}$	$y/10^{-5}$	AAD/%
12.07	363.2	0.619	284.219	0.534	0.478	−10.423
14.14	363.2	0.563	365.964	0.620	0.752	21.239
18.97	363.2	0.516	535.380	2.400	2.416	0.655
25.1	363.2	0.555	658.632	7.088	5.815	−17.963
32.14	363.2	0.637	735.427	10.170	9.590	−5.704
37.41	363.2	0.704	773.975	10.840	12.061	11.261
40.52	363.2	0.745	792.520	12.600	13.392	6.286
15.86	383.2	0.626	350.125	3.108	3.100	−0.251
24.83	383.2	0.602	570.015	11.350	11.638	2.535
32.76	383.2	0.670	675.385	18.940	17.938	−5.288
35.41	383.2	0.699	700.027	19.600	19.431	−0.865
38.62	383.2	0.735	725.576	20.090	20.920	4.133

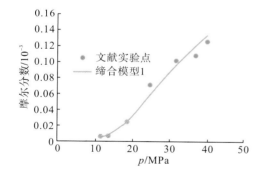

图 3-37　硫在纯 CO_2 中的溶解度实验值与
模型预测值对比（$T=363.2K$）

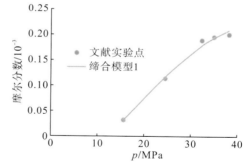

图 3-38　硫在纯 CO_2 中的溶解度实验值与
模型预测值对比（$T=383.2K$）

表 3-31　元素硫在纯 CH_4 中的溶解度由缔合模型 1 拟合得到的各系数值

c_1	$c_2/10^5$	c_3	c_4
6.878	−2.210	0.000	−121.177

注：由于该组实验中温度恒定，$T=383.2K$，故温度项的系数 $c_3=0$。

表 3-32   元素硫在纯 CH_4 中溶解度实验值与计算值对比表

T/K	p/MPa	Z	$\rho/(kg \cdot m^{-3})$	$y_s/10^{-5}$	$y/10^{-5}$	AAD/%
383.2	20.52	0.956	107.796	0.81	0.855	5.559
383.2	25.52	0.979	130.940	1.75	1.571	-10.205
383.2	42.41	1.109	192.036	2.94	3.417	16.224
383.2	50.17	1.184	212.893	4.08	3.704	-9.227

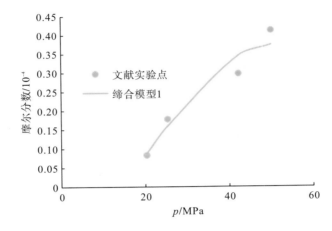

图 3-39   硫在纯 CH_4 中的溶解度实验值与模型预测值对比(T=383.2K)

从表 3-28 以及图 3-34～图 3-36 可以看出，元素硫在高含硫气藏中溶解度的缔合模型 1 在纯 H_2S 气体中也适用，且温度、压力越高，实验数据与缔合模型 1 的预测值一致性越好（T=373.15K 时，AAD 绝对值的平均数约为 22.27%；T=393.15K 时，AAD 绝对值的平均数约为 14.86%；T=433.15K 时，AAD 绝对值的平均数约为 8.33%。$p \leqslant 20MPa$ 时，AAD 绝对值的平均数约为 25.41%；$p > 20MPa$ 时，AAD 绝对值的平均数约为 6.73%）。从表 3-30 以及图 3-37 和图 3-38 可以看出，元素硫在高含硫气藏中溶解度的缔合模型 1 在纯 CO_2 气体中也适用（T=363.2K 时，AAD 绝对值的平均数约为 10.51%；T=383.2K 时，AAD 绝对值的平均数约为 2.61%）。从表 3-32 以及图 3-39 可以看出，元素硫在高含硫气藏中溶解度的缔合模型 1 在纯 CH_4 气体中也适用（T=383.2K 时，AAD 绝对值的平均数约为 10.31%）。上述分析表明元素硫在高含硫气藏中溶解度的缔合模型 1 在纯 H_2S、纯 CO_2 以及纯 CH_4 气体中也适用。

3.3.4   缔合模型 2

目前得到的多种经验关联式中常含有 SCF 流体的密度等参数，而这些参数往往要用状态方程求解。但是这种方法不但计算麻烦，而且在近临界区时，状态方程计算出的密度一般误差比较大，因此这类经验关联存在一定的局限性。为此，我们在缔合模型 1 的基础上进行了改进，从 SCF 萃取缔合出发，推导出一个无须 SCF 密度也能计算溶解度的新缔合模型。

为了得出适用于含硫气藏的气固相平衡的缔合模型，将公式进行简化。考虑到超临界流体(SCF)中的溶解度极小，故可以近似处理为$1-y \approx 1$。SCF 萃取过程中 p_1^* 很小，从而有 $\varphi_1^* \approx 1$，$p-p_1^* \approx 1$，则式(3-67)简化为

$$y = \frac{k\varphi_2^n p_1^* \exp\left(\dfrac{V_1 p}{RT}\right)}{\varphi_3} p^{n-1} \tag{3-77}$$

两边同取自然对数得

$$\ln y = (n-1)\ln p + \ln K + \ln p_1^* + \ln \frac{\varphi_2^n}{\varphi_3} + \frac{pV_1}{RT} \tag{3-78}$$

根据卞小强等(2008)的研究有

$$\ln p_1^* = A - \frac{B}{T+c} \tag{3-79}$$

得到：

$$\ln y = (n-1)\ln p - \frac{\Delta H^\circ}{RT} + \frac{V_1 p}{RT} - \frac{B}{T+c} + \frac{\Delta s^\circ}{R} + A + \ln \frac{\varphi_2^n}{\varphi_3} \tag{3-80}$$

又因为 $\dfrac{\Delta s^\circ}{R} + A + \ln \dfrac{\varphi_2^n}{\varphi_3}$ 项为温度的函数，令：

$$\frac{\Delta s^\circ}{R} + A + \ln \frac{\varphi_2^n}{\varphi_3} = m_1 + m_2 T \tag{3-81}$$

则上式变为

$$\ln y = (n-1)\ln p - \frac{\Delta H^\circ}{RT} + m_2 T - \frac{B}{T+c} + \frac{V_1 p}{RT} + m_1 \tag{3-82}$$

在本书中，考虑缔合分子中的溶剂分子的个数 n 是温度的函数，因此上式变为(缔合模型 2)：

$$\ln y = (c_1 + c_2 T)\ln p + \frac{c_3}{T} + c_4 T + \frac{c_5}{T+c} + \frac{c_6 p}{T} + c_7 \tag{3-83}$$

当温度恒定时，式(3-83)可以化为

$$\ln y = b_0 + b_1 \ln p + b_2 p \tag{3-84}$$

式(3-83)、式(3-84)即为新推导出的计算元素硫在高含硫气藏中溶解度的缔合模型。需说明的是，推导过程中的单一溶剂分子可以推广到超临界混合流体中。式(3-83)中，参变量 c_1、c_2、c_3、c_4、c_5、c_6、c_7 需要通过实验数据进行拟合获取。根据相关文献，该模型中的 c 值取值为-106.5。

同样以 Sun 和 Chen(2003)发表的文章中的实验组成为例，利用公式(3-75)对溶解度计算进行关联，拟合得到的各项系数见表 3-33，实验值与模型预测值对比见表 3-34。

表 3-33　由缔合模型 2 回归得到的各项系数值

c_1	c_2	c_3	c_4	c_5	$c_6/10^5$	c_7
−5.916	−0.007	−167816.558	−0.345	51436.399	8.810	512.029

c_1	c_2	c_3	c_4	c_5	$c_6/10^5$	c_7
−12.393	0.018	73126.469	−0.070	−22811.352	6.860	−4.875
−12.009	0.031	28822.308	−0.398	−7625.937	2.820	95.785
12.910	0.020	255067.627	0.407	−76625.716	−16.170	−899.046
−3.326	0.026	−59073.384	−0.591	19422.644	−2.900	189.479
−19.012	0.011	−81634.891	−0.363	25465.731	14.650	493.400
−14.382	0.015	101414.082	0.088	−31620.827	9.660	−50.258

表 3-34　由缔合模型 2 回归得到的硫溶解度的实验值与计算值的对比表

	T/K	p/MPa	$y_s/10^{-5}$	$y/10^{-5}$	AAD/%
第一组	303.2	30	0.493	0.491	−0.307
	303.2	40	0.917	0.920	0.308
	323.2	30	0.725	0.733	1.046
	323.2	40	1.114	1.102	−1.035
	343.2	35	1.328	1.295	−2.469
	343.2	40	1.528	1.567	2.531
	363.2	40	1.921	1.941	1.047
	363.2	45	2.476	2.450	−1.037
第二组	303.2	30	0.777	0.779	0.242
	303.2	40	1.052	1.049	−0.242
	323.2	30	1.030	1.022	−0.817
	323.2	40	1.319	1.330	0.824
	343.2	35	1.367	1.394	1.990
	343.2	40	1.712	1.679	−1.951
	363.2	40	2.410	2.390	−0.818
	363.2	45	3.105	3.131	0.825
第三组	303.2	30	1.031	1.031	−0.015
	303.2	40	1.214	1.214	0.015
	323.2	30	1.245	1.246	0.050
	323.2	40	1.655	1.654	−0.050
	343.2	35	2.017	2.015	−0.119
	343.2	40	2.507	2.510	0.120
	363.2	40	4.341	4.343	0.050
	363.2	45	5.821	5.818	−0.050
第四组	303.2	20	0.105	0.106	0.998
	303.2	30	1.162	1.178	1.404
	303.2	40	1.415	1.382	−2.359
	323.2	30	1.293	1.226	−5.205
	323.2	40	2.131	2.248	5.491

续表

	T/K	p/MPa	$y_s/10^{-5}$	$y/10^{-5}$	AAD/%
	343.2	35	2.332	2.299	−1.430
	343.2	40	3.066	3.110	1.451
第四组	363.2	40	5.397	5.699	5.591
	363.2	45	7.109	6.733	−5.295
	303.2	30	1.662	1.672	0.588
	303.2	40	2.367	2.353	−0.585
	323.2	30	2.086	2.045	−1.968
第五组	323.2	40	3.474	3.544	2.007
	343.2	35	4.120	4.321	4.888
	343.2	40	6.231	5.941	−4.661
	363.2	40	9.998	9.801	−1.970
	363.2	45	13.166	13.431	2.009
	303.2	30	0.712	0.715	0.423
	303.2	40	0.991	0.987	−0.421
	323.2	30	1.022	1.007	−1.420
第六组	323.2	40	1.083	1.099	1.441
	343.2	35	1.328	1.374	3.496
	343.2	40	1.572	1.519	−3.378
	363.2	40	2.223	2.191	−1.422
	363.2	45	2.769	2.809	1.443
	303.2	30	0.795	0.799	0.538
	303.2	40	1.109	1.103	−0.535
	323.2	30	1.135	1.115	−1.801
第七组	323.2	40	1.349	1.374	1.834
	343.2	35	1.397	1.459	4.463
	343.2	40	1.782	1.706	−4.272
	363.2	40	2.555	2.509	−1.803
	363.2	45	3.197	3.256	1.837

　　从表 3-34 中可以看出，缔合模型式与文献中的实验数据有很好的一致性，AAD 绝对值最大的为 5.591%，AAD 绝对值的平均值约为 1.69%，说明该模型具有很高的可靠性。

　　同时，仍然利用元坝气田的数据进行拟合，利用 MATLAB 拟合得到的各系数见表 3-35，硫溶解度实验值与计算值的对比见表 3-36。

表 3-35　由缔合模型 2 回归得到的各项系数值

c_1	c_2	$c_3/10^5$	c_4	c_5	$c_6/10^5$	c_7
4.801	−0.012	0.010	0.255	−274.632	1.210	−117.622

表 3-36　由缔合模型 2 回归得到的硫溶解度的实验值与计算值的对比表

T/K	p/MPa	$y_s/10^{-5}$	$y/10^{-5}$	AAD/%
403.15	10	0.141	0.132	-6.505
	30	0.271	0.274	1.283
	40	0.409	0.383	-6.428
	50	0.576	0.531	-7.700
	60	0.730	0.733	0.467
	64.88	0.811	0.857	5.685
413.15	10	0.276	0.266	-3.596
	20	0.319	0.357	11.974
	30	0.480	0.479	-0.121
	40	0.692	0.643	-7.093
	50	0.934	0.862	-7.671
	60	1.176	1.157	-1.650
	64.88	1.288	1.335	3.651
	66.52	1.320	1.401	6.066
425.65	10	0.666	0.638	-4.217
	20	0.693	0.768	10.818
	30	0.952	0.962	1.065
	40	1.312	1.227	-6.445
	50	1.680	1.580	-5.961
	60	2.076	2.046	-1.466
	64.88	2.259	2.325	2.892
	66.52	2.322	2.427	4.510

从表 3-36 中可以看出，缔合模型式与文献中的实验数据有良好的一致性，AAD 绝对值最大的为 11.974%，AAD 绝对值的平均值约为 4.87%，这进一步说明了该模型的可靠性。将表 3-36 中的硫溶解度实验值与模型预测值的对比结果绘成图，见图 3-40～图 3-42。

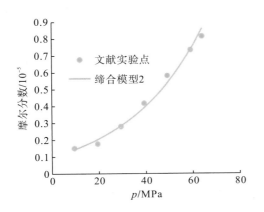

图 3-40　硫溶解度实验值与模型
预测值对比(T=403.15K)

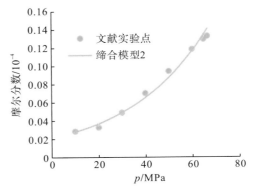

图 3-41　硫溶解度实验值与模型
预测值对比(T=413.15K)

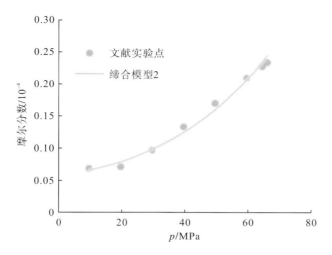

图 3-42　硫溶解度实验值与模型预测值对比（$T=425.65\mathrm{K}$）

当温度恒定的时候，利用元坝气田的实验数据进行拟合，利用 MATLAB 拟合得到的各系数见表 3-37，硫溶解度实验值与计算值的对比见表 3-38。

表 3-37　由缔合模型 2 回归得到的硫在纯 CO_2 中溶解度的各项系数值

T/K	b_0	b_1	$b_2/10^7$
363.2	−110.695	6.136	−1.426
383.2	−106.071	5.914	−1.485

表 3-38　由缔合模型 2 回归得到的硫溶解度的实验值与计算值的对比

T/K	p/MPa	溶解度(W_s)/$(\mathrm{g\cdot m^{-3}})$	$V_m/(10^{-5}\mathrm{m^3\cdot mol^{-1}})$	$y_s/10^{-5}$	$y/10^{-5}$	AAD/%
	10	0.085	31.483	0.141	0.134	−5.180
	20	0.204	15.603	0.168	0.192	14.240
	30	0.472	10.860	0.271	0.271	0.040
403.15	40	0.887	8.738	0.409	0.380	−7.310
	50	1.436	7.586	0.576	0.530	−7.950
	60	2.013	6.861	0.730	0.738	1.140
	64.88	2.326	6.596	0.811	0.867	6.950
	10	0.161	32.484	0.276	0.263	−4.830
	20	0.374	16.154	0.319	0.359	12.600
	30	0.809	11.231	0.480	0.484	0.890
	40	1.453	9.017	0.692	0.649	−6.280
413.15	50	2.268	7.796	0.934	0.866	−7.280
	60	3.167	7.029	1.176	1.154	−1.880
	64.88	3.611	6.750	1.288	1.327	3.030
	66.52	3.778	6.616	1.320	1.390	5.290

T/K	p/MPa	溶解度$(W_s)/(g \cdot m^{-3})$	$V_m/(10^{-5}m^3 \cdot mol^{-1})$	$y_s/10^{-5}$	$y/10^{-5}$	AAD/%
	10	0.374	33.718	0.666	0.638	-4.270
	20	0.779	16.831	0.693	0.769	10.950
	30	1.542	11.690	0.952	0.964	1.210
425.65	40	2.655	9.354	1.312	1.229	-6.350
	50	3.947	8.058	1.680	1.580	-5.940
	60	5.428	7.241	2.076	2.045	-1.540
	64.88	6.159	6.944	2.259	2.322	2.760
	66.52	6.413	6.854	2.322	2.423	4.360

从表 3-38 中可以看出，缔合模型式与文献中的实验数据有良好的一致性，AAD 绝对值最大的为 14.24%，AAD 绝对值的平均值约为 5.31%，进一步说明了该模型的可靠性。将表 3-38 中的硫溶解度实验值与模型预测值的对比结果绘成图，见图 3-43～图 3-45。

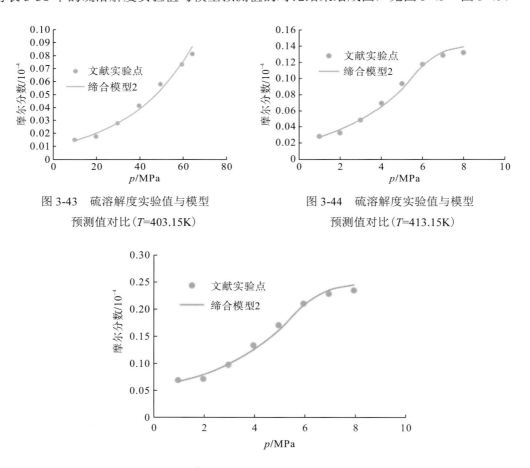

图 3-43　硫溶解度实验值与模型
预测值对比（T=403.15K）

图 3-44　硫溶解度实验值与模型
预测值对比（T=413.15K）

图 3-45　硫溶解度实验值与模型预测值对比（T=425.65K）

　　为了研究元素硫在高含硫气藏中溶解度的缔合模型 2 在纯 H_2S、纯 CO_2 和纯 CH_4 中的适用性,以确定缔合模型 2 适用的边界条件,以 Brunner 和 Woll(1980)以及 Gu 等(1993)文献上的实验数据为例进行讨论。利用 MATLAB 拟合得到的元素硫分别在纯 H_2S、纯 CO_2、纯 CH_4 中的溶解度缔合模型 2 的各系数见表 3-39、表 3-41 和表 3-43,元素硫分别在纯 H_2S,纯 CO_2 和纯 CH_4 中的溶解度实验值与由缔合模型 2 得出的计算值的对比见表 3-40(图 3-46～图 3-48)、表 3-42(图 3-49、图 3-50)和表 3-44(图 3-51)。

表 3-39　由缔合模型 2 回归得到的硫在纯 H_2S 中溶解度各项系数值

c_1	$c_2/10^5$	c_3	c_4	c_5	$c_6/10^5$	c_7
−1.765	655.600	60918.110	0.000	−23592.200	1.010	−96.688

表 3-40　由缔合模型 2 回归得到的硫在纯 H_2S 中溶解度的实验值与计算值的对比表

T/K	p/MPa	$W_s/(g \cdot m^{-3})$	$V_m/(10^{-5} m^3 \cdot mol^{-1})$	$y_s/10^{-5}$	$y/10^{-5}$	AAD/%
	10	28	10.148	2.734	2.356	−13.810
	10	34	10.148	3.319	2.356	−29.020
	12	40.9	6.182	1.778	2.816	58.374
373.15	18	75.4	5.562	3.980	4.365	9.656
	30	124	5.055	9.011	8.547	−5.152
	30	126	5.055	9.156	8.547	−6.658
	40	151	4.857	13.507	13.620	0.837
	50	187	4.714	19.701	20.771	5.429
	12	21	12.277	3.418	2.785	−18.500
	15	38.3	7.431	2.854	3.606	26.324
	15	42.7	7.431	3.182	3.606	13.307
393.15	20	70.2	6.114	4.723	5.178	9.643
	32	143	5.375	11.895	10.317	−13.272
	40	170	5.137	16.145	15.181	−5.969
	51	222	4.956	25.018	24.515	−2.012
	60	287	4.821	36.009	35.231	−2.161
	15	16.5	14.177	4.063	3.856	−5.077
	19.6	33.6	9.409	4.762	5.721	20.151
	24	68.8	7.650	7.891	7.879	−0.157
	24	72.1	7.650	8.270	7.879	−4.727
	30	110	6.615	11.795	11.514	−2.384
433.15	30	114	6.615	12.224	11.514	−5.809
	40	185	5.879	20.889	19.793	−5.246
	40	192	5.879	21.679	19.793	−8.701
	45	232	5.650	27.218	25.234	−7.290
	52	272	5.461	34.455	34.687	0.673
	60	319	5.252	43.125	48.725	12.987
	60	328	5.252	44.341	48.725	9.887

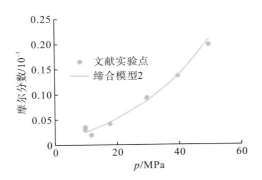

图 3-46　硫在纯 H_2S 中的溶解度实验值与
模型预测值对比(T=373.15K)

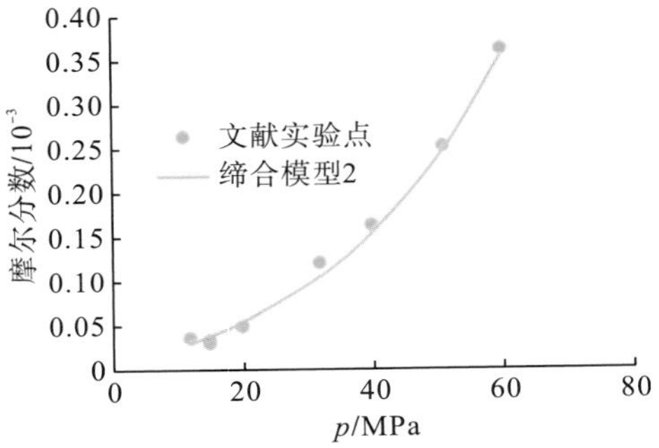

图 3-47　硫在纯 H_2S 中的溶解度实验值
与模型预测值对比(T=393.15K)

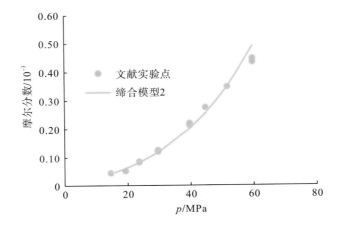

图 3-48　硫在纯 H_2S 中的溶解度实验值与模型预测值对比(T=433.15K)

表 3-41　由缔合模型 2 回归得到的各项系数值

T/K	b_0	b_1	$b_2/10^8$
403.15	-14.742	0.056	3.211
413.15	-13.933	0.050	2.779
425.65	-10.008	-0.139	1.827

表 3-42　由缔合模型 2 回归得到的硫在纯 CO_2 中溶解度的实验值与计算值的对比表

T/K	p/MPa	$y_s/10^{-5}$	$y/10^{-5}$	AAD/%
	12.07	0.534	0.425	-20.348
	14.14	0.620	0.836	34.875
	18.97	2.400	2.548	6.174
363.2	25.1	7.088	5.926	-16.398
	32.14	10.170	9.898	-2.671
	37.41	10.840	11.852	9.337
	40.52	12.600	12.416	-1.457

续表

T/K	p/MPa	y_s/10^{-5}	y/10^{-5}	AAD/%
	15.86	3.108	3.095	-0.424
	24.83	11.350	11.575	1.984
383.2	32.76	18.940	18.368	-3.020
	35.41	19.600	19.633	0.167
	38.62	20.090	20.365	1.369

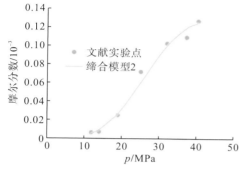

图 3-49　硫在纯 CO_2 中的溶解度实验值与模型预测值对比（T=363.2K）

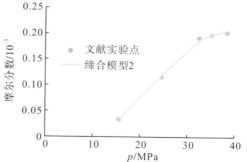

图 3-50　硫在纯 CO_2 中的溶解度实验值与模型预测值对比（T=383.2K）

表 3-43　由缔合模型 2 回归得到的硫在纯 CH_4 中溶解度各项系数值

T/K	b_0	b_1	b_2/10^8
383.2	-83.646	4.378	-8.300

表 3-44　由缔合模型 2 回归得到的硫在纯 CH_4 中溶解度的实验值与计算值的对比表

T/K	p/MPa	y_s/10^{-5}	y/10^{-5}	AAD/%
383.2	20.52	0.810	0.881	8.020
383.2	25.52	1.750	1.509	-15.968
383.2	42.41	2.940	3.420	14.031
383.2	50.17	4.080	3.741	-9.050

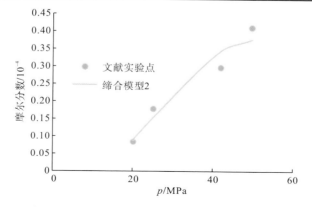

图 3-51　硫在纯 CH_4 中溶解度实验值与模型预测值对比（T=383.2K）

从表 3-40 以及图 3-46～图 3-48 中可以看出，元素硫在高含硫气藏中溶解度的缔合模型 2 在纯 H_2S 气体中也适用，且温度、压力越高，实验数据与缔合模型 2 的预测值一致性越高（$T=373.15K$ 时，AAD 绝对值的平均数约为 16.12%；$T=393.15K$ 时，AAD 绝对值的平均数约为 11.39%；$T=433.15K$ 时，AAD 绝对值的平均数约为 6.92%。$p \leqslant 20MPa$ 时，AAD 绝对值的平均数约为 20.38%；$p > 20MPa$ 时，AAD 绝对值的平均数约为 5.52%）。从表 3-42 以及图 3-49 和图 3-50 中可以看出，元素硫在高含硫气藏中溶解度的缔合模型 2 在纯 CO_2 气体中也适用（$T=363.2K$ 时，AAD 绝对值的平均数约为 13.03%；$T=383.2K$ 时，AAD 绝对值的平均数约为 1.39%）。从表 3-44 以及图 3-51 中可以看出，元素硫在高含硫气藏中溶解度的缔合模型 2 在纯 CH_4 气体中也适用（$T=383.2K$ 时，AAD 绝对值的平均数约为 11.76%）。上述分析表明元素硫在高含硫气藏中溶解度的缔合模型 2 在纯 H_2S、纯 CO_2 以及纯 CH_4 气体中也适用。

3.3.5   实例验证

利用西南油气田分公司的实验数据（元素硫在天东 5-1 井井流物气体中溶解度的实验数据），对缔合模型 1 和缔合模型 2 的可靠性进行验证。天东 5-1 井井流物组成见表 3-45，利用 MATLAB 拟合得到的元素硫在天东 5-1 井井流物中的溶解度缔合模型 1 和缔合模型 2 各项系数见表 3-46 以及表 3-48，元素硫在天东 5-1 井井流物中的溶解度实验值与由缔合模型 1 和缔合模型 2 得出的计算值的对比见表 3-47 和表 3-49，以及见图 3-52 和图 3-53。

表 3-45   天东 5-1 井井流物组成（%）

H_2S	CO_2	CH_4	N_2	C_2H_6	C_3～C_{7+}
6.86	2.76	89.63	0.5	0.21	0.02

表 3-46   由缔合模型 1 回归得到的各项系数值

c_1	$c_2/10^5$	c_3	c_4
6.732	-2.680	0.000	-120.739

注：由于该组实验温度恒定，$T=373.15K$，故缔合模型 1 的温度项系数 $c_3=0$。

表 3-47   由缔合模型 1 回归得到的硫在天东 5-1 井井流物中溶解度的实验值与计算值对比

T/K	p/MPa	Z	$\rho/(kg \cdot m^{-3})$	$y_s/10^{-5}$	$y/10^{-5}$	AAD/%
373.15	16	0.903	102.196	0.037	0.038	1.638
373.15	24	0.918	150.740	0.103	0.093	-8.990
373.15	28	0.939	171.893	0.106	0.110	3.705
373.15	32	0.966	190.999	0.102	0.117	15.048
373.15	36	0.999	207.776	0.129	0.117	-9.390

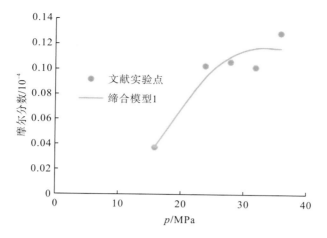

图 3-52 　硫在天东 5-1 井井流物中溶解度实验值与模型预测值对比(缔合模型 1)(T=373.15K)

表 3-48 　由缔合模型 2 回归得到的各项系数值

b_0	b_1	$b_2/10^6$
-99.885	5.283	-0.158

表 3-49 　由缔合模型 2 回归得到的硫在天东 5-1 井井流物中溶解度的实验值与计算值对比

T/K	p/MPa	$y_s/10^{-5}$	$y/10^{-5}$	AAD/%
373.15	16	0.037	0.038	2.475
373.15	24	0.103	0.092	-10.871
373.15	28	0.106	0.110	3.685
373.15	32	0.102	0.118	16.259
373.15	36	0.129	0.117	-9.172

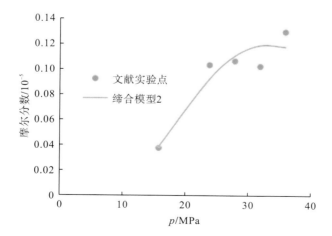

图 3-53 　硫在天东 5-1 井井流物中溶解度实验值与模型预测值对比(缔合模型 2)(T=373.15K)

从表 3-47 和图 3-52 中可以看出，元素硫在高含硫气藏中溶解度的缔合模型 1 预测的元素硫在天东 5-1 井井流物气体中的溶解度值与实验值具有较好的一致性（T=373.15K 时，AAD 绝对值的平均数约为 7.75%）；从表 3-49 和图 3-53 中可以看出，元素硫在高含硫气藏中溶解度的缔合模型 2 预测的元素硫在天东 5-1 井井流物气体中的溶解度值与实验值具有较好的一致性（T=373.15K 时，AAD 绝对值的平均数约为 8.49%）。上述分析说明，缔合模型 1 和缔合模型 2 预测的元素硫在天东 5-1 井井流物气体中的溶解度值与实验数据均具有良好的一致性，从而验证了模型的可靠性。

3.3.6 气体组分对硫溶解度的影响

为了定量分析各气体组分对硫溶解度的影响，利用 Sun 和 Chen（2003）发表的文章中的数据，分别将各气体组分（H_2S，CO_2，CH_4）百分浓度与硫摩尔溶解度做相关分析，各气体组分的含量与硫元素相关溶解度分析结果见表 3-50。各气体组分（H_2S，CO_2，CH_4）百分浓度与硫摩尔溶解度的相关分析见图 3-54～图 3-77。

表 3-50 各气体组分的含量与硫元素溶解度的相关分析结果

T/K	p/MPa	H_2S 含量与 y 的相关分析		CO_2 含量与 y 的相关分析		CH_4 含量与 y 的相关分析	
		斜率	相关系数 R^2	斜率	相关系数 R^2	斜率	相关系数 R^2
303.2	30	0.054	0.995	0.014	0.012	−0.047	0.905
303.2	40	0.067	0.906	0.02	0.013	−0.059	0.833
323.2	30	0.058	0.947	0.014	0.009	−0.051	0.854
323.2	40	0.115	0.926	0.047	0.025	−0.102	0.879
343.2	35	0.138	0.917	0.033	0.009	−0.119	0.827
343.2	40	0.226	0.906	0.060	0.010	−0.196	0.820
363.2	40	0.397	0.949	0.013	0.010	−0.345	0.861
363.2	45	0.529	0.949	0.141	0.011	−0.461	0.863

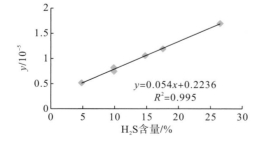

图 3-54 元素硫溶解度与硫化氢含量的
相关分析（T=303.2K，p=30MPa）

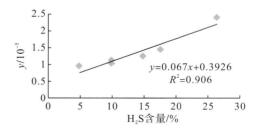

图 3-55 元素硫溶解度与硫化氢含量的
相关分析（T=303.2K，p=40MPa）

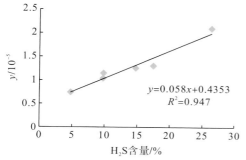

图 3-56　元素硫溶解度与硫化氢含量
的相关分析(T=323.2K，p=30MPa)

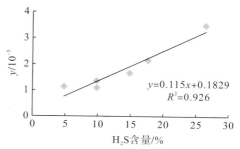

图 3-57　元素硫溶解度与硫化氢含量
的相关分析(T=323.2K，p=40MPa)

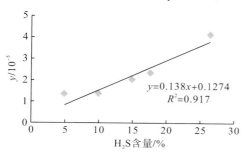

图 3-58　元素硫溶解度与硫化氢含量
的相关分析(T=343.2K，p=35MPa)

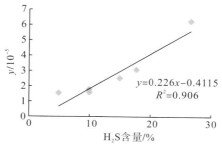

图 3-59　元素硫溶解度与硫化氢含量
的相关分析(T=343.K，p=40MPa)

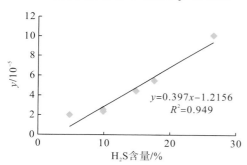

图 3-60　元素硫溶解度与硫化氢含量
的相关分析(T=363.2K，p=40MPa)

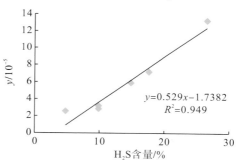

图 3-61　元素硫溶解度与硫化氢含量
的相关分析(T=363.2K，p=45MPa)

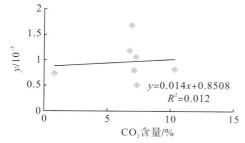

图 3-62　元素硫溶解度与二氧化碳含量
的相关分析(T=303.2K，p=30MPa)

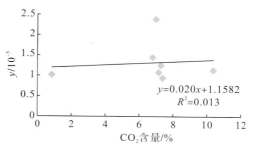

图 3-63　元素硫溶解度与二氧化碳含量
的相关分析(T=303.2K，p=40MPa)

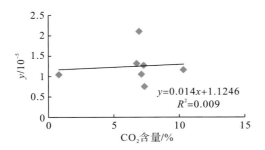

图 3-64　元素硫溶解度与二氧化碳含量
的相关分析（T=323.2K，p=30MPa）

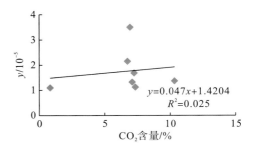

图 3-65　元素硫溶解度与二氧化碳含量
的相关分析（T=323.2K，p=40MPa）

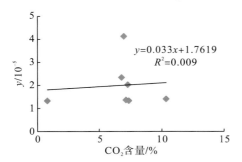

图 3-66　元素硫溶解度与二氧化碳含量
的相关分析（T=343.2K，p=35MPa）

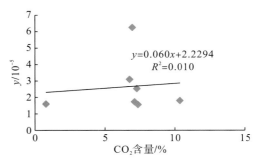

图 3-67　元素硫溶解度与二氧化碳含量
的相关分析（T=343.2K，p=40MPa）

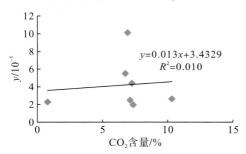

图 3-68　元素硫溶解度与二氧化碳含量
的相关分析（T=363.2K，p=40MPa）

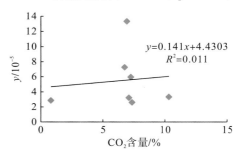

图 3-69　元素硫溶解度与二氧化碳含量
的相关分析（T=363.2K，p=45MPa）

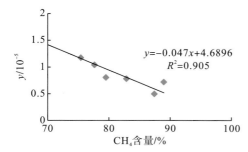

图 3-70　元素硫溶解度与甲烷含量
的相关分析（T=303.2K，p=30MPa）

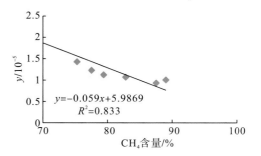

图 3-71　元素硫溶解度与甲烷含量
的相关分析（T=303.2K，p=40MPa）

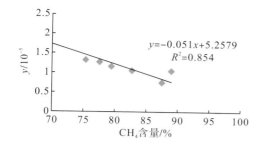

图 3-72　元素硫溶解度与甲烷含量
的相关分析(T=323.2K，p=30MPa)

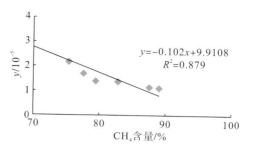

图 3-73　元素硫溶解度与甲烷含量
的相关分析(T=323.2K，p=40MPa)

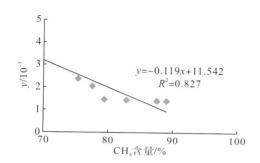

图 3-74　元素硫溶解度与甲烷含量
的相关分析(T=343.2K，p=35MPa)

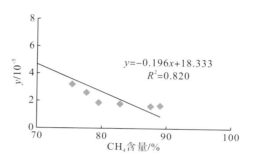

图 3-75　元素硫溶解度与甲烷含量
的相关分析(T=343.2K，p=40MPa)

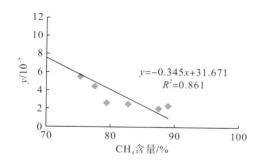

图 3-76　元素硫溶解度与甲烷含量
的相关分析(T=363.2K，p=40MPa)

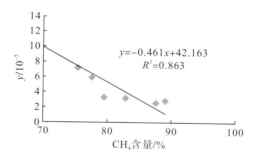

图 3-77　元素硫溶解度与甲烷含量
的相关分析(T=363.2K，p=45MPa)

　　结合图与相关分析的结果，我们发现，H_2S 的含量与元素硫溶解度的相关性最好，其相关系数 R^2 均大于 0.9，在相同温度、压力条件下，H_2S 的含量与元素硫溶解度的相关性的斜率最大，说明元素硫的溶解度对 H_2S 含量的变化最敏感(相比于 CO_2 和 CH_4 而言)。以上分析说明，在温度、压力条件一定时，H_2S 的含量是影响元素硫溶解度的主要因素；CO_2 的含量与元素硫溶解度的相关性不好，其相关系数 R^2 均小于 0.15，说明在温度、压力条件一定时，CO_2 的含量不是影响元素硫溶解度的主要因素；CH_4 的含量与元素硫溶解度呈负相关，且相关性较好(R^2 均大于 0.8)，主要原因是在各组气体中，CH_4 的含量均最多(远大于 H₂S 与 CO₂ 的含量之和)，甲烷的含量随着 H₂S 含量的增加而减少，而 H₂S 的含量是与硫溶解度呈正相关的(图 3-78)，因此甲烷含量与硫溶解度呈负相关，这进一步说明了在一定温度、压力条件下，H₂S 的含量是影响硫元素溶解度的主要因素。

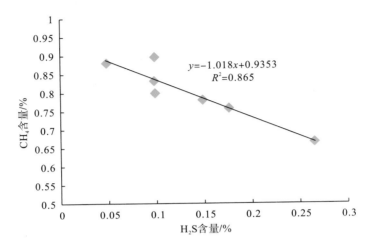

图 3-78　各混合物气样甲烷含量与硫化氢含量关系图

3.4　改进的硫溶解度预测模型

3.4.1　Chrastil 模型分析及 Roberts 拟合系数的局限性

Chrastil 模型是目前人们公认的比较成功的经验关联式，是基于气体组分缔合定律和熵原理而导出的描述固体或液体在高密度气体中的溶解度的理论模型，表述为

$$C_{\rm r} = \rho^k \exp(A/T + B) \tag{3-85}$$

式中，$C_{\rm r}$——元素硫的溶解度，$\rm g \cdot m^{-3}$；

　　　ρ——酸性气体的密度，$\rm kg \cdot m^{-3}$；

　　　T——气藏温度，K；

　　　A、B——经验系数。

1996 年，Roberts 在 Chrastil 模型的基础上，结合 Brunner 和 Woll(1980)测得的两组硫在酸性混合气体中的溶解度实验数据(表 3-51)，拟合出一套预测高压下含硫天然气中元素硫溶解度的计算公式：

$$C_{\rm r} = \rho^4 \exp(-4666/T - 4.5711) \tag{3-86}$$

式中：$C_{\rm r}$——元素硫的溶解度，$\rm g \cdot m^{-3}$；

　　　ρ——酸性气体的密度，$\rm kg \cdot m^{-3}$；

　　　T——气藏温度，K。

表 3-51 Roberts 拟合的实验体系

实验体系	气体组分
BW1	66%CH_4、20%H_2S、10%CO_2、4%N_2
BW3	81%CH_4、6%H_2S、9%CO_2、4%N_2

式(3-86)由于计算简单，且能连续关联元素硫在高含硫气体中的溶解度，一经提出就得到了广泛应用，通过计算可知，该模型即便在拟合表 3-51 中的两组实验数据时也存在着较大的误差。因此，需要对 Roberts 模型系数进行重新评价、拟合与修正。此方程是从溶质和溶剂分子间只存在化学缔合出发推导出的，未考虑物理溶解，同时，从量纲分析来看，单位不便使用，显然会存在一定的局限性。因此，还需要进一步研究元素硫溶解度的计算模型。

3.4.2 Chrastil 模型改进后的新模型

通过调研可知，Chrastil 溶解度模型的推导过程如下。

溶质分子和气体分子关联，形成复合物，在气体中达到平衡。因此可以通过质量作用定律来计算平衡浓度。在理想状态下，如果一个溶质分子 A 与 k 个气体分子 B 形成一个复合物 AB_k，在系统的平衡状态下，可以写出：

$$A + kB \leftrightarrows AB_k \tag{3-87}$$

$$K = [AB_k] / ([A][B]^k) \tag{3-88}$$

式(3-88)可化简为

$$\ln K + \ln[A] + k\ln[B] = \ln[AB_k] \tag{3-89}$$

其中，[A]——溶质的摩尔蒸汽浓度；

[B]——气体的摩尔浓度；

$[AB_k]$——溶质在气体中的摩尔浓度；

K——平衡常数。

此处可以表达为

$$\ln K = \frac{\Delta H_{solv}}{RT} + q_s$$

其中，ΔH_{solv}——缔合热，$kJ \cdot mol^{-1}$；

q_s——常数。

溶质的蒸汽浓度可用下式表示：

$$\ln[A] = \frac{\Delta H_{vap}}{RT} + q_v$$

其中，ΔH_{vap}——溶质的蒸发热；

q_v——常数。

通常$[A] \ll [AB_k]$。把这些表达式整合到式(3-92)中得

$$\frac{\Delta H}{RT} + q + k\ln[B] = \ln[AB_k] \tag{3-90}$$

其中，ΔH——总的反应热，$\Delta H = \Delta H_{solv} + \Delta H_{vap}$；

q——常数，$q = q_s + q_v$。

式(3-90)能很方便地表示浓度和气体密度。因此，

$$[AB_k] = c/(M_A + kM_B)$$

$$[B] = d/M_B$$

其中，c——溶质在气体中的浓度；

d——气体的密度；

M_A、M_B——溶质和气体的分子量(摩尔质量)。

因此，可以得到如下公式：

$$\frac{\Delta H}{RT} + q + k\ln d - k\ln M_B = \ln c - \ln(M_A + kM_B) \tag{3-91}$$

因此得到 Chrastil 溶解度模型：

$$c = d^k \cdot \exp\left(\frac{a}{T} + b\right) \tag{3-92}$$

其中，k——关联数；

a、b——关联系数，$a = \dfrac{\Delta H}{R}$，$b = \ln(M_A + kM_B) - k\ln M_B + q$。

反应平衡常数 $K = [AB_k]/([A][B]^k)$，它是化学反应的特性常数，通过变形反求关联数 k：

$$k = \log_{[B]}[AB_k]/(K[A]) \tag{3-93}$$

由分析可知，此处的关联数 k 也为温度的函数。所以对上述的关联数的确定，不能将其当作一个固定的值，或几个值的平均值，而是将其当作温度的函数来处理，即本书采用的方法——变常数法，这样既有理论依据，同时预测数据也十分的接近。

由 Chrastil 溶解度模型理论推导，可得关联系数：

$$a = \frac{\Delta H}{R} \tag{3-94}$$

$$b = \ln(M_A + kM_B) + q - k\ln M_B \tag{3-95}$$

系数 b 中包含 $-k\ln M_B$ 项，其中含有参数 k，通过相关计算可知，其对 b 值的拟合有较大影响，应将其放在密度项中，这样既可以降低密度范围，也可增加对 b 的拟合精度。但 b 中包含关联数 k，由于 k 位于对数内，并且 $M_A + kM_B$ 的数值远超过 1，所以 k 随温度的变化值对 b 值的影响很小，可忽略不计。系数 a 则可看成常数项。

针对上述分析，对 Chrastil 溶解度模型作出改进，将密度项除一个 M 值，对密度相进行弱化；同时变常数法将常系数 k 看成温度的函数，因此可得到下式：

$$C_r = (\rho/M)^{k(T)} \exp(a/T + b) \tag{3-96}$$

其中，$k(T)$——温度系数；

a、b——常数系数，$a = \dfrac{\Delta H}{R}$，$b = \ln\left(M_A + kM_B\right) + q$。

3.4.3 新模型相关参数的拟合方法

1. 温度系数 $k(T)$ 的确定

对式 (3-96) 两边求对数可得

$$\ln C_r = k(T) \cdot \ln(\rho / M) + a / T + b \tag{3-97}$$

由式 (3-97) 可知，对于某一个确定的 M 值，利用实验数据，即利用某一温度下不同密度值所对应的溶解度值，做出 $\ln C_r$ 与 $\ln(\rho/M)$ 相应的数据点图，根据这些点拟合出一条直线，该直线的斜率即为某温度对应的 k 值。同理，可以求出同组分下的不同温度对应的 k 值，再根据这些不同温度下的 k 值来拟合出温度系数 $k(T)$，对于温度系数的具体形式，可能是线性、二次型，或对数型。为了研究方便，本书模型中温度系数 $k(T)$ 采用如下线性形式：

$$k(T) = k_a(T - 373.15) + k_b \tag{3-98}$$

式中，K_a——K-T 图拟合出的直线斜率；

K_b——K-T 图拟合出的直线截距。

2. 常系数 a、b 的确定

令 $y = \ln C_r - k(T) \cdot \ln(\rho / M)$，$x = 1/T$，则式 (3-99) 可变为

$$y = a \cdot x + b \tag{3-99}$$

同理，对于某一个确定的 M 值，利用某一温度下不同密度值所对应的溶解度值，可以计算出 y 值。再根据不同温度值拟合出一条直线，该直线的斜率即为该体系组分对应的 a 值，截距为 b 值。

3. M 值的确定

通过前面对 Chrastil 溶解度模型的分析可知，若反应体系是元素硫与硫化氢气体，则化学反应式如下所示：

$$H_2S + kS \xrightleftharpoons[]{\text{一定温度和压力}} H_2S_{k+1}$$

此处的 M 值为反应体系中元素硫的摩尔质量，即 M_s。而在高温、高压下，元素硫在酸性混合气体中的溶解既存在化学溶解，又存在物理溶解，并不是单一的溶解形式。并且元素硫在不同的温度和压力下，呈现出不同的关联式。所以仅根据元素硫的摩尔质量来确定 M 值并不是一种可靠的方式。为了能够找到某组酸性混合物体系的最佳 M 值，本书采用循环法求 M，使得所得到的新模型系数在预测实验数据时的误差最小。

3.4.4 新模式数据拟合与误差验证

1. 数据的选取

国外学者 Brunner 和 Woll(1980)在 1980 年通过实验分别测试了 H_2S 与 CH_4、CO_2、N_2 以不同比例组成的混合气体在不同温度和压力下的溶解度。本书利用其实验所测得的四组数据进行数据分析和处理。选取组分密度、温度、压力 3 个因素，对模型系数进行拟合。

BW1 组分(66%CH_4+20%H_2S+10%CO_2+4%N_2)原数据处理之后的数据如表 3-52 所示。

表 3-52 BW1 组分实验数据

因素			硫含量	
T/K	p/MPa	ρ/(kg·m^{-3})	C_r/(g·m^{-3})	质量分数
373.15	20	164	0.208	0.0202
	40	282	0.789	0.0767
	52	327	1.420	0.1380
	60	350	1.990	0.1940
393.15	10	74	0.115	0.0112
	30	213	0.749	0.0729
	45	282	1.790	0.1740
	60	331	3.140	0.3050
413.15	10	69	0.220	0.0214
	30	198	1.100	0.1070
	45	264	2.670	0.2600
	60	313	4.450	0.4330
433.15	10	65	0.352	0.0342
	30	185	1.650	0.1600
	40	231	2.650	0.2580
	50	267	4.290	0.4160

BW2 组分(65%CH_4+7%H_2S+10%CO_2+8%N_2)原数据处理之后的数据如表 3-53 所示。

表 3-53 BW2 组分实验数据

因素			硫含量	
T/K	p/MPa	ρ/(kg·m^{-3})	C_r/(g·m^{-3})	质量分数
373.15	20	160	0.157	0.0147
	30	225	0.202	0.0189
	40	274	0.373	0.0349
	50	312	0.562	0.0526
	60	343	0.849	0.0794

续表

因素			硫含量	
T/K	p/MPa	$\rho/(kg \cdot m^{-3})$	$C_r/(g \cdot m^{-3})$	质量分数
393.15	10	74	0.108	0.0101
	30	208	0.399	0.0373
	45	275	1.006	0.0941
	60	324	1.680	0.1570
413.15	10	69	0.166	0.0155
	30	194	0.698	0.0653
	45	259	1.430	0.1340
	60	307	2.420	0.2260
433.15	10	65	0.285	0.0267
	30	182	1.040	0.0972
	45	245	2.110	0.1970
	60	292	3.450	0.3230

BW3 组分（81%CH_4+6%H_2S+9%CO_2+4%N_2）原数据处理之后的数据如表 3-54 所示。

表 3-54　BW3 组分实验数据

因素			硫含量	
T/K	p/MPa	$\rho/(kg \cdot m^{-3})$	$C_r/(g \cdot m^{-3})$	质量分数
373.15	20	134	0.051	0.0056
	30	188	0.136	0.0151
	40	230	0.266	0.0295
	45	247	0.476	0.0528
	60	289	0.687	0.0723
393.15	20	125	0.178	0.0198
	30	176	0.404	0.0448
	40	215	0.635	0.0705
	50	247	1.076	0.119
	60	273	1.74	0.193
413.15	20	116	0.385	0.0427
	25	141	0.562	0.0624
	30	164	0.661	0.0734
	45	219	1.42	0.158
	60	260	2.41	0.267
433.15	10	56	0.304	0.0337
	25	133	0.752	0.0835
	45	207	1.98	0.22
	60	248	3.22	0.357

BW4 组分（81%CH$_4$+1%H$_2$S+14%CO$_2$+4%N$_2$）原数据处理之后的数据如表 3-55 所示。

表 3-55　BW4 组分实验数据

因素			硫含量	
T/K	p/MPa	ρ/(kg·m^{-3})	C_r/(g·m^{-3})	质量分数
373.15	20	136	0.043	0.0047
	35	213	0.166	0.018
	48	261	0.332	0.036
	60	294	0.49	0.0531
393.15	20	127	0.136	0.0147
	30	178	0.375	0.0406
	40	219	0.587	0.0636
	50	251	0.953	0.103
	60	278	1.3	0.141
413.15	10	60	0.177	0.0192
	20	118	0.268	0.029
	30	167	0.493	0.0534
	40	206	0.932	0.101
	60	264	2.04	0.221
433.15	10	58	0.237	0.0257
	25	135	0.677	0.734
	45	211	1.73	0.187
	60	252	2.82	0.306

数据处理说明：

在某温度、压力下，出现两组或三组不同的溶解度数据时，结合相关文献中条件相同的实验数据来对比，保留数据相近的一组数据。

2. 新模型拟合、预测与误差检验

根据上文中模型系数拟合的方法，并结合 Brunner 和 Woll（1980）的实验数据，可得到以下相关模型。

对于 BW1 组分（66%CH$_4$+20%H$_2$S+10%CO$_2$+4%N$_2$）的实验数据，预测模型如下。

(1) 当体系压力大于 30MPa 时，可得

$$\begin{cases} C_r = \left(\dfrac{\rho}{250}\right)^{k(T)} \exp\left(\dfrac{-5.3368}{(T-275.15)/100} + 4.6126\right) \\ k(T) = -0.025784(T-373.15) + 4.0432 \end{cases} \tag{3-100}$$

(2) 当体系压力小于或等于 30MPa 时，可得

$$\begin{cases} C_r = \left(\dfrac{\rho}{540}\right)^{k(T)} \exp\left(\dfrac{-1.8055}{(T-275.15)/100} + 3.0398\right) \\ k(T) = -0.015968(T-373.15) + 2.288 \end{cases} \tag{3-101}$$

通过上述数学模型和实验数据，利用 MATLAB 编程，计算出元素硫在组分 BW1 中的溶解度值，如图 3-79 所示。

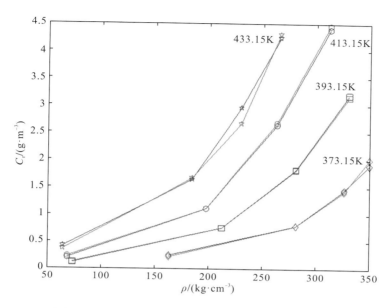

图 3-79　新模型预测数据和实验数据对比（BW1 组分）

图 3-79 中红线部分为实验数据，蓝线部分为新模型预测的数据，从图中可以看出，新模型所计算的数据基本上与实验数据重合，可见新模型的准确度十分高，其中大部分点处新模型的预测值与实验值非常接近，相对误差基本在 1%，误差较大的预测值点处于低压范围。其原因可能是在低压下，元素硫在酸性气体中的溶解度太小，即使预测值和实验值接近，但其相对误差也会较大。当压力低于 10MPa 时，元素硫在酸性混合气体中的溶解度非常小，使得预测误差过大，同时压力太低，不符合实际情况，没有研究意义。经过计算可知，不同温度下的平均相对误差为 3%～8%，而整个数据的平均误差约为 5.13%，预测精度较高。

对于 BW2 组分（65%CH$_4$+7%H$_2$S+10%CO$_2$+8%N$_2$）的实验数据，预测模型如下。

（1）当体系压力大于或等于 30MPa 时，可得

$$\begin{cases} C_r = \left(\dfrac{\rho}{300}\right)^{k(T)} \exp\left(\dfrac{-5.1258}{(T-275.15)/100} + 4.4911\right) \\ k(T) = -0.015289(T-373.15) + 3.4122 \end{cases} \quad (3\text{-}102)$$

（2）当体系压力小于 30MPa 时，可得

$$\begin{cases} C_r = \left(\dfrac{\rho}{280}\right)^{k(T)} \exp\left(\dfrac{-5.43427}{(T-275.15)/100} + 3.9978\right) \\ k(T) = 0 \cdot (T-373.15) + 1.3037 \end{cases} \quad (3\text{-}103)$$

通过上述数学模型和实验数据，利用 MATLAB 编程，计算出元素硫在组分 BW2 中

的溶解度值，如图 3-80 所示。

　　图 3-80 中红线部分为实验数据，蓝线部分为新模型预测的数据，从图中可以看出，新模型所计算的数据基本上与实验数据重合，可见新模型的准确度十分高，其中大部分点处新模型的预测值与实验值非常接近，相对误差基本为 1%～5%，误差较大的预测值点处于低压、低温范围。同样地，其原因可能是在低压下，元素硫在酸性气体中的溶解度太小，即使预测值和实验值接近，但其相对误差也会较大。经过计算可知，不同温度下的平均相对误差为 2%～9%，而整个数据的平均误差约为 5.12%，预测精度较高。

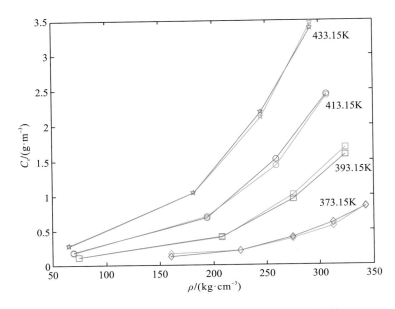

图 3-80　新模型预测数据和实验数据对比（BW2 组分）

　　对于 BW3 组分（81%CH$_4$+6%H$_2$S+9%CO$_2$+4%N$_2$）的实验数据，预测模型如下。

(1) 当体系压力大于 30MPa 时，可得

$$\begin{cases} C_r = \left(\dfrac{\rho}{120}\right)^{k(T)} \exp\left(\dfrac{-8.7261}{(T-275.15)/100} + 5.0195\right) \\ k(T) = 0 \cdot (T-373.15) + 1.3037 \end{cases} \tag{3-104}$$

(2) 当体系压力小于或等于 30MPa 时，可得

$$\begin{cases} C_r = \left(\dfrac{\rho}{50}\right)^{k(T)} \exp\left(\dfrac{-11.972}{(T-275.15)/100} + 6.0536\right) \\ k(T) = -0.030448(T-373.15) + 3.0036 \end{cases} \tag{3-105}$$

　　通过上述数学模型和实验数据，利用 MATLAB 编程，计算出元素硫在组分 BW3 中的溶解度值，如图 3-81 所示。

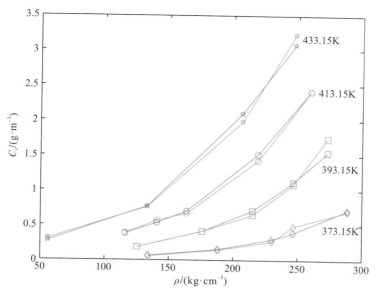

图 3-81　新模型预测数据和实验数据对比（BW3 组分）

图 3-81 中红线部分为实验数据，蓝线部分为新模型预测的数据，从图中可以看出，新模型所计算的数据基本上与实验数据重合，可见新模型的准确度十分高，其中大部分点处新模型的预测值与实验值非常接近，相对误差基本为 1%～5%，只有个别点的预测误差超过 10%。经过计算可知，不同温度下的平均相对误差为 4%～8%，整个数据平均相对误差约为 5.75%，预测精度较高。

对于 BW4 组分（81%CH$_4$+1%H$_2$S+14%CO$_2$+4%N$_2$）的实验数据，预测模型如下。

（1）当体系压力大于或等于 30MPa 时，可得

$$\begin{cases} C_r = \left(\dfrac{\rho}{50}\right)^{k(T)} \exp\left(\dfrac{-10.835}{(T-275.15)/100} + 4.2665\right) \\ k(T) = -0.018984(T-373.15) + 3.2766 \end{cases} \qquad (3\text{-}106)$$

（2）当体系压力小于 30MPa 时，可得

$$\begin{cases} C_r = \left(\dfrac{\rho}{125}\right)^{k(T)} \exp\left(\dfrac{-7.6888}{(T-275.15)/100} + 4.3200\right) \\ k(T) = -0.031356(T-373.15) + 3.12 \end{cases} \qquad (3\text{-}107)$$

通过上述数学模型和实验数据，利用 MATLAB 编程，计算出元素硫在组分 BW4 中的溶解度值，如图 3-82 所示。

图 3-82 中红线部分为实验数据，蓝线部分为新模型预测的数据，从图中可以看出，新模型所计算的数据基本上与实验数据重合，可见新模型的准确度十分高，其中大部分点处新模型的预测值与实验值非常接近，相对误差基本为 2%～6%，只有个别点的预测误差超过 10%。经过计算可知，温度为 413.15K 时的数据预测值相对误差较大，平均误差为 13.16%，其他不同温度点处的平均相对误差为 2%～6%，整个数据平均相对误差约为 6.48%，预测精度较高。

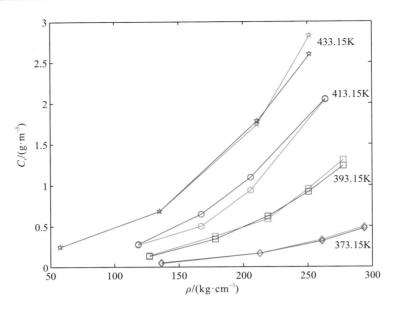

图 3-82 新模型预测数据和实验数据对比（BW4 组分）

3.4.5 新模型与同类模型的对比分析

本书中采用的同类对比模型主要是 Roberts 常系数模型（只对比 BW1 和 BW3 组分数据）和 Hu 等（2014）的分段常系数模型。

Roberts 常系数模型计算公式如下：

$$C_r = \rho^4 \exp\left(\frac{-4666}{T} - 4.5711\right) \tag{3-108}$$

Hu 等的分段常系数模型计算公式如下：

$$C_r = \rho^k \exp(a/T + b) \tag{3-109}$$

其相应的系数如表 3-56 所示。

表 3-56 Hu 等的分段常系数模型的相关系数

	$\rho/(kg \cdot cm^{-3})$	k	a	b
BW1 组分	<200	1.592044	−2737.23	−8.89768
	>200	3.288695	−4880.74	−12.4969
BW2 组分	<200	1.38	−2582.202543	−8.39375
	>200	3.2	−4880.738659	−12.4969
BW3 组分	<200	1.2	−2582.202543	−8.393748
	>200	3.28	−4880.738659	−12.49685
BW4 组分	<200	1.2	−2582.2	−8.39375
	>200	3.245	−4880.74	−12.4969

通过 MATLAB 编程计算，可得对比结果如下：

（1）对于 BW1 组分（66%CH$_4$+20%H$_2$S+10%CO$_2$+4%N$_2$）的实验数据，由 Hu 等的分段常系数模型预测的数据如图 3-83 所示。

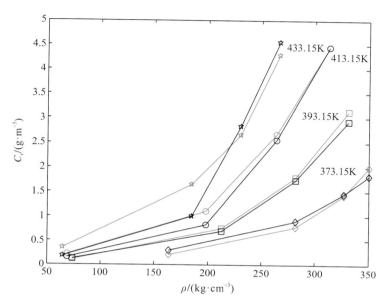

图 3-83　Hu 等的模型预测数据和实验数据对比（BW1 组分）

图 3-83 中红线部分为实验数据，黑线部分为 Hu 等的分段常系数模型预测的数据，从图中可以看出，Hu 等的分段常系数模型所计算的数值与实验数据具有相似的变化趋势，但在预测值的准确度方面，通过与本书的新模型（图 3-79）对比，可以看出，Hu 等的分段常系数模型预测误差较大，与实验值存在一定的差距。各模型预测数据如表 3-57 所示。

表 3-57　各模型预测值对比（BW1 组分）

T/K	p/MPa	ρ/(kg·m^{-3})	C_r 实验值/(g·m^{-3})	新模型计算的 C_r/(g·m^{-3})	Hu 等的模型计算的 C_r/(g·m^{-3})	Roberts 模型计算的 C_r/(g·m^{-3})
373.15	20	164	0.208	0.2249	0.2993	27.7715
373.15	40	282	0.789	0.7771	0.8918	242.7843
373.15	52	327	1.42	1.4353	1.4513	438.9502
373.15	60	350	1.99	1.8893	1.8148	576.0980
393.15	10	74	0.115	0.0928	0.1225	2.1748
393.15	30	213	0.749	0.7437	0.6894	149.2802
393.15	45	282	1.79	1.8042	1.7348	458.6487
393.15	60	331	3.14	3.1749	2.9382	870.5540
413.15	10	69	0.22	0.1934	0.1535	2.9201
413.15	30	198	1.1	1.1001	0.8220	197.9965

续表

T/K	$p/$ MPa	$\rho/$ $(kg \cdot m^{-3})$	C_r 实验值/ $(g \cdot m^{-3})$	新模型计算的 $C_r/(g \cdot m^{-3})$	Hu 等的模型计算的 $C_r/(g \cdot m^{-3})$	Roberts 模型计算的 $C_r/(g \cdot m^{-3})$
413.15	45	264	2.67	2.6240	2.5471	625.7666
413.15	60	313	4.45	4.3819	4.4588	1236.4427
433.15	10	65	0.352	0.4048	0.1895	3.8737
433.15	30	185	1.65	1.6270	1.0018	254.1878
433.15	40	231	2.65	2.9441	2.8329	617.8965
433.15	50	267	4.29	4.2263	4.5613	1102.8410

三个模型的总平均误差如表 3-58 所示。

表 3-58　总平均误差对比（BW1 组分）

	新模型	Hu 等的模型	Roberts 模型
总平均误差	0.0513	0.1568	196.0204

从表 3-57、表 3-58 可知：Hu 等的分段常系数模型在一定程度上可以预测出相关的实验值，但其精度不够，其总平均误差为 15.68%，是本书中新模型的 3 倍。所以，可以看出本文的模型在预测溶解度方面十分可靠。

(2) 对于 BW2 组分（65%CH_4+7%H_2S+10%CO_2+8%N_2）的实验数据，由 Hu 等的分段常系数模型预测的数据如图 3-84 所示。

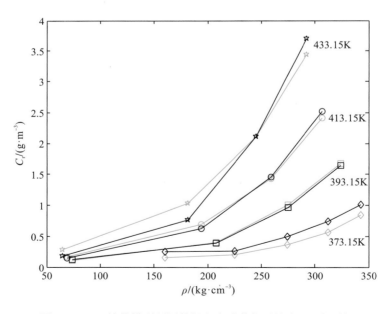

图 3-84　Hu 等的模型预测数据和实验数据对比（BW2 组分）

图 3-84 中红线部分为实验数据，黑线部分为 Hu 等的分段常系数模型预测的数据，从图中可以看出，Hu 等的分段常系数模型所计算的数值与实验数据具有相似的变化趋势，但在预测值的准确度方面，通过与本书的新模型 (图 3-80) 对比，Hu 等的分段常系数模型预测误差较大，与实验值存在一定的差距。各模型预测数据如表 3-59 所示。

表 3-59　各模型预测值对比 (BW2 组分)

T/K	$p/$ MPa	$\rho/$ (kg·m^{-3})	C_r 实验值/ (g·m^{-3})	新模型计算的 $C_r/$(g·m^{-3})	Hu 等的模型计算的 $C_r/$(g·m^{-3})	Roberts 模型计算的 $C_r/$(g·m^{-3})
	20	160	0.157	0.1146	0.2460	25.1596
	30	225	0.202	0.1986	0.2625	98.3907
373.15	40	274	0.373	0.3891	0.4931	216.3846
	50	312	0.562	0.6060	0.7472	363.7831
	60	343	0.849	0.8372	1.0118	531.3745
	10	74	0.108	0.1038	0.1207	2.1748
393.15	30	208	0.399	0.3993	0.3971	135.7491
	45	275	1.006	0.9506	0.9705	414.7769
	60	324	1.68	1.5820	1.6402	799.2153
	10	69	0.166	0.1809	0.1506	2.9201
413.15	30	194	0.698	0.6763	0.6273	182.4751
	45	259	1.43	1.5193	1.4612	579.6899
	60	307	2.42	2.4459	2.5176	1144.3270
	10	65	0.285	0.2718	0.1851	3.8737
433.15	30	182	1.04	1.0414	0.7665	238.0967
	45	245	2.11	2.1863	2.1104	781.8657
	60	292	3.45	3.3873	3.7005	1577.6086

三个模型的总平均误差如表 3-60 所示。

表 3-60　总平均误差对比 (BW2 组分)

	新模型	Hu 等的模型	Roberts 模型
总平均误差	0.0512	0.1667	350.5672

从表 3-59、表 3-60 可知：Hu 等的分段常系数模型在一定程度上可以预测出相关的实验值，但其精度不够，其总平均误差为 16.67%，是本书中新模型的 3 倍。所以，可以看出本书的模型在预测溶解度方面十分可靠，精度相对较高。

(3) 对于 BW3 组分 (81%CH$_4$+6%H$_2$S+9%CO$_2$+4%N$_2$) 的实验数据，由 Hu 等的分段常系数模型预测的数据如图 3-85 所示。

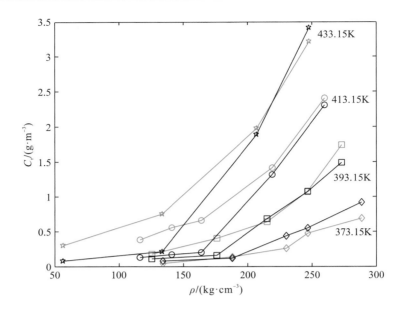

图 3-85　Hu 等的模型预测数据和实验数据对比（BW3 组分）

　　图 3-85 中红线部分为实验数据，黑线部分为 Hu 等的分段常系数模型预测的数据，从图中可以看出，Hu 等的分段常系数模型所计算的数值与实验值一致性较差，特别是在低密度（即低压）时。在预测值的准确度方面，通过与本书的新模型（图 3-81）对比，Hu 等的分段常系数模型预测误差较大，与实验值存在一定的差距。各模型预测数据如表 3-61 所示。

表 3-61　各模型预测值对比（BW3 组分）

T/K	$p/$ MPa	$\rho/$ $(kg \cdot m^{-3})$	C_r 实验值/ $(g \cdot m^{-3})$	新模型计算的 $C_r/(g \cdot m^{-3})$	Hu 等的模型计算的 $C_r/(g \cdot m^{-3})$	Roberts 模型计算的 $C_r/(g \cdot m^{-3})$
	20	134	0.051	0.0520	0.0798	12.3778
	30	188	0.136	0.1437	0.1198	47.9574
373.15	40	230	0.266	0.2955	0.4351	107.4325
	45	247	0.476	0.3881	0.5498	142.8933
	60	289	0.687	0.7075	0.9203	267.8031
	20	125	0.178	0.1775	0.1044	17.7061
	30	176	0.404	0.4027	0.1573	69.5880
393.15	40	215	0.635	0.7059	0.6785	154.9664
	50	247	1.076	1.1104	1.0695	269.9427
	60	273	1.74	1.5395	1.4851	402.8416
	20	116	0.385	0.3697	0.1311	23.3254
413.15	25	141	0.562	0.5239	0.1657	50.9182
	30	164	0.661	0.6921	0.1987	93.1906

T/K	p/MPa	ρ/(kg·m^{-3})	C_r实验值/(g·m^{-3})	新模型计算的C_r/(g·m^{-3})	Hu 等的模型计算的C_r/(g·m^{-3})	Roberts 模型计算的C_r/(g·m^{-3})
413.15	45	219	1.42	1.5138	1.3146	296.3283
	60	260	2.41	2.4087	2.3081	588.6946
433.15	10	56	0.304	0.2737	0.0730	2.1341
	25	133	0.752	0.7575	0.2062	67.9007
	45	207	1.98	2.0890	1.8854	398.4274
	60	248	3.22	3.0797	3.4106	820.8704

三个模型的总平均误差如表 3-62 所示。

表 3-62　总平均误差对比（BW3 组分）

	新模型	Hu 等的模型	Roberts 模型
总平均误差	0.0575	0.3596	208.7880

从表 3-61、表 3-62 可知：Hu 等的分段常系数模型在一定程度上可以预测出相关的实验值，但其精度不够，其总平均误差为 35.96%，是本书中新模型的 6 倍。所以，可以看出本书的模型在预测溶解度方面十分可靠，精度相对较高。

（4）对于 BW4 组分（81%CH$_4$+1%H$_2$S+14%CO$_2$+4%N$_2$）的实验数据，由 Hu 等的分段常系数模型预测的数据如图 3-86 所示。

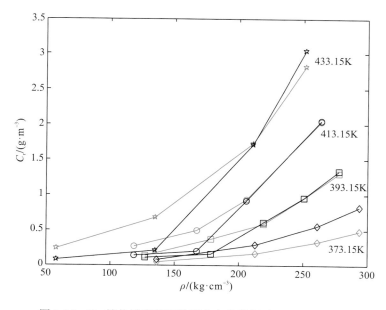

图 3-86　Hu 等的模型预测数据和实验数据对比（BW4 组分）

图 3-86 中红线部分为实验数据，黑线部分为 Hu 等的分段常系数模型预测的数据，从图中可以看出，Hu 等的分段常系数模型所计算的数值与实验值一致性较差，特别是在低密度（即低压）时。在预测值的准确度方面，通过与本书的新模型（图 3-82）对比，Hu 等的分段常系数模型预测误差较大，与实验值存在一定的差距。各模型预测数据如表 3-63 所示。

表 3-63　各模型预测值对比（BW4 组分）

T/K	$p/$ MPa	$\rho/$ (kg·m^{-3})	C_r 实验值/ (g·m^{-3})	新模型计算的 C_r/(g·m^{-3})	Hu 等的模型计算的 C_r/(g·m^{-3})	Roberts 模型计算的 C_r/(g·m^{-3})
373.15	20	136	0.043	0.0448	0.0812	13.1335
	35	213	0.166	0.1621	0.2880	79.0210
	48	261	0.332	0.3154	0.5575	178.1502
	60	294	0.49	0.4659	0.8209	286.8227
393.15	20	127	0.136	0.1290	0.1064	18.8668
	30	178	0.375	0.3381	0.1595	72.8054
	40	219	0.587	0.6165	0.6132	166.8246
	50	251	0.953	0.9151	0.9552	287.8582
	60	278	1.3	1.2303	1.3313	433.1746
413.15	20	118	0.268	0.2782	0.1338	24.9761
	30	167	0.493	0.6459	0.2030	100.1988
	40	206	0.932	1.0955	0.9167	231.9880
	60	264	2.04	2.0457	2.0528	625.7666
433.15	10	58	0.237	0.2377	0.0762	2.4557
	25	135	0.677	0.6823	0.2099	72.0780
	45	211	1.73	1.7724	1.7098	430.1280
	60	252	2.82	2.5907	3.0450	875.1248

三个模型的总平均误差如表 3-64 所示。

表 3-64　总平均误差对比（BW4 组分）

	新模型	Hu 等的模型	Roberts 模型
总平均误差	0.0648	0.3772	274.5079

从表 3-63、表 3-64 可知：Hu 等的分段常系数模型在一定程度上可以预测出相关的实验值，但其精度不够，其总平均误差约为 37.72%，是本书中新模型的 6 倍。所以，可以看出本书的模型在预测溶解度方面十分可靠，精度相对较高。

第4章　井筒硫沉积动态预测模型

4.1　垂直井筒硫沉积与预测模型

4.1.1　井筒中硫析出的条件

硫单质析出的条件是：溶解度数值小于临界溶解度。硫析出后的运动状态有三种：①被混合流体挟带至地面；②硫单质不随流体流动而回落至井底；③以平衡状态悬浮于井筒中。硫单质具体处于何种运动状态主要取决其受力的大小及方向。

4.1.2　垂直井硫临界悬浮流速

硫单质在垂直井中的运动受到周围混合流体的浮力、自身的重力以及由于运动而产生的一系列阻力影响。由于只考虑纵向上的运动过程，因此受力分析时只考虑重力、浮力和阻力。受力平衡如图 4-1 所示。

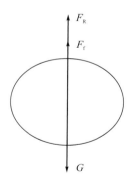

图 4-1　硫单质受力分析

1. 重 力

$$G = m_s g = \rho_s V_s g \tag{4-1}$$

式中，G——重力，N；

ρ_s——硫单质的密度，$kg \cdot m^{-3}$；

V_s——硫单质的体积，m^3。

2. 浮力

$$F_f = \rho_m V_s g \tag{4-2}$$

式中，F_f——浮力，N；

　　　ρ_m——混合流体的密度，$kg \cdot m^{-3}$。

3. 阻力

由于硫单质和混合流体密度的差异，将导致两种物体之间存在一个速度差值，该值的大小决定了作用在硫单质上的黏性阻力，其公式如下：

$$F_d = C_D S \Delta p = \frac{1}{2} C_D S \rho_m |v_m - v_s|(v_m - v_s) \tag{4-3}$$

式中，F_d——阻力，N；

　　　v_m——混合流体的流速，$m \cdot s^{-1}$；

　　　C_D——拖曳系数；

　　　S——硫单质的横截面积，m^2。

硫颗粒运动方程为

$$V_s \rho_s \frac{dv_s}{dt} = F_d + F_f - G \tag{4-4}$$

在计算临界悬浮速度时，应当选取处于悬浮状态的硫单质进行分析，即硫单质所受的外力合力为 0，$\frac{dv_s}{dt} = 0$：

$$\frac{1}{2} C_D S \rho_m |v_m - v_s|(v_m - v_s) + \rho_m V_s g = \rho_s V_s g \tag{4-5}$$

通常 $\rho_s > \rho_m$，则必有 $v_m - v_s > 0$，则：

$$\frac{1}{2} C_D S \rho_m (v_m - v_s)^2 - (\rho_s - \rho_m) V_s g = 0 \tag{4-6}$$

可得

$$v_s = v_m - \sqrt{\frac{2(\rho_s - \rho_m)V_s g}{C_D S \rho_m}} \tag{4-7}$$

因此得到硫单质的临界悬浮速度（v_{gcr}）计算公式为

$$v_{gcr} = \sqrt{\frac{2(\rho_s - \rho_m)V_s g}{C_D S \rho_m}} \tag{4-8}$$

硫的运动状态主要取决于临界流速和混合流体流速之间的相互关系：

（1）当 $v_m > v_{gcr}$ 时，硫单质被混合流体挟带上升；

（2）当 $v_m \leqslant v_{gcr}$ 时，硫单质悬浮或沉降。

4.1.3　硫液滴临界悬浮速度

当温度大于 120℃时，硫以液滴的形式存在，计算硫液滴临界流速的关键在于计算硫液滴的形变和阻力系数。

由于硫液滴的特性，其在运动过程中受到力的作用而发生形变，因此在计算临界流速时应考虑液滴大小和变形特征的影响。李闽模型认为硫液滴为椭球状且其体积不变，公式为

$$V_s = \frac{4}{3} Sh \tag{4-9}$$

基于受力平衡条件和伯努利方程变形可求得液滴高度为

$$h = \frac{2\sigma}{\rho_m v_m^2} \tag{4-10}$$

式中，σ——液滴的界面张力，$N \cdot m^{-1}$；

h——液滴的高度，m。

最大液滴直径为

$$d_{max} = \frac{\sigma N_{we}}{\rho_m v_{gcr}^2} \tag{4-11}$$

式中，N_{we}——韦伯数。

若假定 k 为变形倍数，由式(4-8)可知，临界悬浮速度应为所有硫液滴能够向上运动速度的最大值，即气体流速大于该值时，所有硫液滴均可向上运动。故将式(4-12)中求得的 d_{max} 作为 h 即可求得临界悬浮速度：

$$d_{max} = kd \tag{4-12}$$

$$v_{gcr} = \sqrt[4]{\frac{8(\rho_s - \rho_m)g\sigma N_{we}}{3\rho_m^2 C_D}} \tag{4-13}$$

假设井筒内硫液滴呈扁平状，取 $N_{we}=30$，$C_D=1$，则 $v_{gcr} = 2.99\sqrt[4]{\dfrac{(\rho_s - \rho_m)g\sigma}{3\rho_m^2}}$。

在求得临界悬浮速度之后，即可确定该值所对应的产量，该产量的意义即：当气井产量小于该值时，流体中的液硫会发生沉降。只有当气井的产量大于或等于该产量时井筒中才不会发生沉降现象，因此该产量即为临界产量。

$$Q_{cr} = 86400 \times v_{gcr} \times \frac{\pi d^2}{4} \times \left(\frac{Z_{sc} T_{sc}}{p_{sc}}\right)\left(\frac{p_f}{ZT_f}\right) \tag{4-14}$$

式中，Q_{cr}——临界流量，$10^4 m^3 \cdot d^{-1}$；

Z_{sc}——标况下的偏差因子，取 1；

Z——析出处的偏差因子；

p_{sc}、T_{sc}——标况下的气体压力、温度；

p_f、T_f——析出处的压力、温度。

4.1.4 硫颗粒临界悬浮速度

若井筒温度持续降低，硫单质会呈固体状态（即硫颗粒），通常情况下可以将硫颗粒的形状考虑成球状，且一般认为硫颗粒在运动过程中形态不发生变化。则硫颗粒的临界流速只与 C_D 有关，其中 C_D 为雷诺数的函数。

$$Re = \frac{\rho_m v_s d_s}{\mu} \tag{4-15}$$

式中，d_s——硫颗粒粒径，m。

根据实验数据分为三段进行计算。

（1）黏性阻力区（$Re < 1$）：

$$C_D = \frac{24}{Re} \tag{4-16}$$

$$v_{gcr} = \frac{d_s^2 (\rho_s - \rho_m)}{18\mu_m} \tag{4-17}$$

（2）过渡区（$1 \leqslant Re \leqslant 500$）：

$$C_D = \frac{10}{\sqrt{Re}} \tag{4-18}$$

$$v_{gcr} = 1.196 d_s \left[\frac{(\rho_s - \rho_m)^2}{\mu_m \rho_m} \right]^{1/3} \tag{4-19}$$

（3）压差阻力区（紊流区）（$500 \leqslant Re \leqslant 2 \times 10^5$）：

$$C_D = 0.44 \tag{4-20}$$

$$v_{gcr} = 5.45 \sqrt{\frac{d_s (\rho_s - \rho_m)}{\rho_m}} \tag{4-21}$$

硫单质呈固体时，井筒中挟硫的临界流量为

$$Q_{cr} = 86400 \times v_{gcr} \times \frac{\pi d^2}{4} \times \left(\frac{Z_{sc} T_{sc}}{p_{sc}} \right) \left(\frac{p}{Z T_f} \right) \tag{4-22}$$

4.2 斜度井及水平井硫沉积规律与预测模型

4.2.1 井筒中硫单质的运移规律

硫单质在斜度井中的受力如图 4-2 所示。

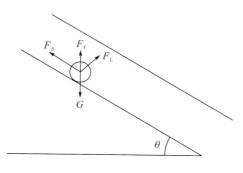

图 4-2　受力分析

（1）重力：

$$G = m_s g = \rho_s V_s g \tag{4-23}$$

（2）浮力：

$$F_f = \rho_m V_s g \tag{4-24}$$

（3）拖曳力：

$$F_d = C_D S \Delta p = \frac{1}{2} C_D S \rho_m |v_m - v_s|(v_m - v_s) \tag{4-25}$$

$$V_s \rho_s \frac{\mathrm{d}v_s}{\mathrm{d}t} = F_d + F_f \cos\theta - G \sin\theta \tag{4-26}$$

式中，θ——井斜角的互余角，（°）。

当硫单质处于静止状态时，受力平衡，即 $\dfrac{\mathrm{d}v_s}{\mathrm{d}t} = 0$。

4.2.2　斜度井、水平井硫的临界悬浮速度

对于小斜度井段，硫颗粒主要靠浮力保持悬浮运动，其受力分析如图 4-3 所示，建立平衡方程如下：

$$F_f + F_d \sin\theta - G = 0 \tag{4-27}$$

即

$$\frac{1}{2} C_D S \rho_m |v_m - v_s|(v_m - v_s)\sin\theta + \rho_m V_s g = \rho_m V_s g \tag{4-28}$$

则：

$$\frac{1}{2} C_D S \rho_m (v_m - v_s)^2 \sin\theta = (\rho_s - \rho_m) V_s g \tag{4-29}$$

可得

$$v_s = v_m - \sqrt{\frac{2(\rho_s - \rho_m)V_s g}{S \rho_m C_D \sin\theta}} \tag{4-30}$$

小斜度井临界流速为

$$v_{\text{gcr}} = \sqrt{\frac{2(\rho_{\text{s}} - \rho_{\text{m}})V_{\text{s}}g}{S\rho_{\text{m}}C_{\text{D}}\sin\theta}} \tag{4-31}$$

大斜度井及水平井段与垂直井和小斜度井的不同之处在于，井斜角增大后，硫颗粒运动状态呈翻滚运动（图 4-3）。建立的平衡力矩方程如下：

$$F_{\text{d}}\frac{d}{2}\cos\theta + \left(F_{\text{f}} - G\right)\frac{d}{4}\left[1 + 2\sin\left(\frac{\pi}{3}\right)\cot\theta\right]\sin\theta = 0 \tag{4-32}$$

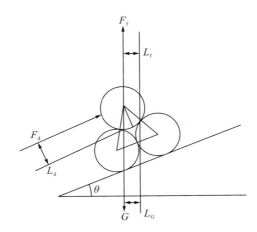

图 4-3　硫单质受力分析

可得

$$v_{\text{s}} = v_{\text{m}} - \sqrt{\frac{(\rho_{\text{s}} - \rho_{\text{m}})(\sin\theta + 1.732\cos\theta)V_{\text{s}}g}{S_{\text{D}}\rho_{\text{m}}C_{\text{D}}\cos\theta}} \tag{4-33}$$

因此大斜度井和水平井中硫单质的临界悬浮速度为

$$v_{\text{gcr}} = \sqrt{\frac{(\rho_{\text{s}} - \rho_{\text{g}})(\sin\theta + 1.732\cos\theta)V_{\text{s}}g}{S_{\text{D}}\rho_{\text{g}}C_{\text{D}}\cos\theta}} \tag{4-34}$$

其中拖曳力受力面积 S_{D} 的表达式为

$$S_{\text{D}} = \frac{1}{4}\pi d^2 - \frac{1}{8}d_{\text{s}}^{2}\left[\frac{\pi}{3} - \sin\left(\frac{\pi}{3}\right)\right] \tag{4-35}$$

因此，硫单质的临界流速为

$$v_{\text{gcr}} = \sqrt{\frac{\pi(\rho_{\text{s}} - \rho_{\text{m}})d_{\text{s}}g}{3\left\{\frac{\pi}{4} - \frac{1}{8}\left[\frac{\pi}{3} - \sin\left(\frac{\pi}{3}\right)\right]\right\}\rho_{\text{m}}C_{\text{D}}\sin\theta}}, \quad \text{小斜度井} \tag{4-36}$$

$$v_{\text{gcr}} = \sqrt{\frac{\pi(\rho_{\text{s}} - \rho_{\text{m}})(\sin\theta + 1.732\cos\theta)d_{\text{s}}g}{6\left\{\frac{\pi}{4} - \frac{1}{8}\left[\frac{\pi}{3} - \sin\left(\frac{\pi}{3}\right)\right]\right\}\rho_{\text{m}}C_{\text{D}}\cos\theta}}, \quad \text{大斜度井} \tag{4-37}$$

4.2.3　硫液滴临界悬浮速度

斜度井中硫液滴的临界悬浮速度计算方法与垂直井中硫液滴临界悬浮速度的计算方法类似，因此将式(4-32)～式(4-35)代入式(4-36)、式(4-37)中即可。

(1) 当井筒为小斜度井(井斜角小于 60°)时，硫液滴的临界流速为

$$v_{\mathrm{gcr}} = \sqrt[4]{\frac{\pi(\rho_{\mathrm{s}} - \rho_{\mathrm{m}})g\sigma N_{\mathrm{we}}}{2.288\rho_{\mathrm{m}}^2 C_{\mathrm{D}} \cdot \sin\theta}} \tag{4-38}$$

取 N_{we}=30，C_{D}=1，则 $v_{\mathrm{gcr}} = 2.533\sqrt[4]{\dfrac{(\rho_{\mathrm{s}} - \rho_{\mathrm{m}})g\sigma}{\rho_{\mathrm{m}}^2 \sin\theta}}$ 。

(2) 当井筒为大斜度井(井斜角为 60°～86°)及水平井时，硫液滴的临界流速为

$$v_{\mathrm{gcr}} = \sqrt[4]{\frac{\pi(\rho_{\mathrm{s}} - \rho_{\mathrm{m}})\left(\sin\theta + 1.732\cos\theta\right)g\sigma N_{\mathrm{we}}}{4.576\rho_{\mathrm{m}}^2 C_{\mathrm{D}} \cdot \cos\theta}} \tag{4-39}$$

取 N_{we}=30，C_{D}=1，则：

$$v_{\mathrm{gcr}} = 2.13\sqrt[4]{\frac{(\rho_{\mathrm{s}} - \rho_{\mathrm{m}})\left(\sin\theta + 1.732\cos\theta\right)g\sigma}{\rho_{\mathrm{m}}^2 \cos\theta}} \tag{4-40}$$

4.2.4　小斜度井硫颗粒临界悬浮速度

在小斜度井(井斜角小于 60°)中，对于直径为 d 的球形颗粒，在流体中的浮重为

$$W = \frac{\pi}{6}d_{\mathrm{s}}^3\left(\rho_{\mathrm{s}} - \rho_{\mathrm{m}}\right)g \tag{4-41}$$

拖曳力沿垂直方向的分力为

$$F_{\mathrm{D}} = \frac{1}{2}C_{\mathrm{D}}\left\{\frac{\pi d_{\mathrm{s}}^2}{4} - \frac{d_{\mathrm{s}}^2}{8}\left[\frac{\pi}{3} - \sin\left(\frac{\pi}{3}\right)\right]\right\}\rho_{\mathrm{m}}v_{\mathrm{s}}^2 \tag{4-42}$$

当颗粒悬浮在井筒中时，将式(4-41)化简后与式(4-42)联立，即

$$W = \frac{\pi}{6}d_{\mathrm{s}}^3\left(\rho_{\mathrm{s}} - \rho_{\mathrm{m}}\right)g = F_{\mathrm{D}} = \frac{1}{2}C_{\mathrm{D}}\left\{\frac{\pi d_{\mathrm{s}}^2}{4} - \frac{d_{\mathrm{s}}^2}{8}\left[\frac{\pi}{3} - \sin\left(\frac{\pi}{3}\right)\right]\right\}\rho_{\mathrm{m}}v_{\mathrm{s}}^2 \tag{4-43}$$

求得 v_{s} 与 C_{D} 之间的关系表达式为

$$v_{\mathrm{s}} = \sqrt{\frac{\pi d_{\mathrm{s}}\left(\rho_{\mathrm{s}} - \rho_{\mathrm{m}}\right)g}{2.288C_{\mathrm{D}}\rho_{\mathrm{m}}\sin\theta}} \tag{4-44}$$

根据雷诺数不同将计算公式划分为三个应用区间。

1. 黏性阻力区($Re<1$)

$$C_{\mathrm{D}} = \frac{24}{Re} \tag{4-45}$$

将 C_{D} 代入式(4-44)中，得

$$v_s = \frac{d_s^2(\rho_s - \rho_m)g}{17.48\mu_m \sin\theta} \tag{4-46}$$

该式为在黏性阻力区内，临界悬浮速度的斯托克斯公式。但是，该式仍然无法直接应用，因为此时的雷诺数未知，无法判断 Re 是否小于 1，因此，根据转化关系，通过对硫颗粒直径的判断来求解临界悬浮速度，由

$$v_s = \frac{Re\mu_m}{d_s\rho_m} \tag{4-47}$$

$$\frac{d_s^2(\rho_s - \rho_m)g}{17.48\mu_m \sin\theta} = \frac{Re\mu_m}{d_s\rho_m} \tag{4-48}$$

得

$$d_s = \left[\frac{17.48Re\sin\theta}{g} \cdot \frac{\mu_m^2}{\rho_m(\rho_s - \rho_m)}\right]^{\frac{1}{3}} \tag{4-49}$$

因为黏性阻力区范围内雷诺数小于 1，将其代入式(4-49)，得

$$d_s \leqslant 1.213\left[\frac{\mu_m^2 \sin\theta}{\rho_m(\rho_s - \rho_m)}\right]^{\frac{1}{3}} \tag{4-50}$$

所以，当粒径处于该范围时，临界悬浮速度的表达式为

$$v_{gcr} = \frac{d_s^2(\rho_s - \rho_m)g}{17.48\mu_m \sin\theta} \tag{4-51}$$

2. 过渡区 $(1 < Re < 500)$

根据过渡区条件

$$C_D = \frac{10}{\sqrt{Re}} \tag{4-52}$$

$$d_s = \left[\frac{7.29Re^{1.5}\sin\theta}{g} \cdot \frac{\mu_m^2}{\rho_m(\rho_s - \rho_m)}\right]^{\frac{1}{3}} \tag{4-53}$$

可以求得不等式：

$$1.213\left[\frac{\mu_m^2 \sin\theta}{\rho_m(\rho_s - \rho_m)}\right]^{\frac{1}{3}} \leqslant d_s \leqslant 20.26\left[\frac{\mu_m^2 \sin\theta}{\rho_m(\rho_s - \rho_m)}\right]^{\frac{1}{3}} \tag{4-54}$$

当粒径处于该范围时，临界悬浮速度的表达式为

$$v_{gcr} = 1.219d_s\sqrt[3]{\frac{(\rho_s - \rho_m)^2}{\rho_m\mu_m \sin^2\theta}} \tag{4-55}$$

3. 压差阻力区(紊流区) $(500 \leqslant Re \leqslant 2 \times 10^5)$

在该区内，拖曳系数取值为

$$C_D = 0.44 \tag{4-56}$$

根据颗粒的拖曳系数与雷诺数的关系，得到适用于压差阻力区的粒径公式：

$$d_{\mathrm{s}} = \left[\frac{0.32 Re^2 \sin\theta}{g} \cdot \frac{\mu_{\mathrm{m}}^2}{\rho_{\mathrm{m}}(\rho_{\mathrm{s}} - \rho_{\mathrm{m}})} \right]^{\frac{1}{3}} \tag{4-57}$$

可以求得不等式：

$$20.26 \left[\frac{\mu_{\mathrm{m}}^2 \sin\theta}{\rho_{\mathrm{m}}(\rho_{\mathrm{s}} - \rho_{\mathrm{m}})} \right]^{\frac{1}{3}} \leqslant d_{\mathrm{s}} \leqslant 867.6 \left[\frac{\mu_{\mathrm{m}}^2 \sin\theta}{\rho_{\mathrm{m}}(\rho_{\mathrm{s}} - \rho_{\mathrm{m}})} \right]^{\frac{1}{3}} \tag{4-58}$$

此时，临界悬浮速度的表达式为

$$v_{\mathrm{gcr}} = 5.53 \sqrt{\frac{d_{\mathrm{s}}(\rho_{\mathrm{s}} - \rho_{\mathrm{m}})}{\rho_{\mathrm{m}} \sin\theta}} \tag{4-59}$$

4.2.5　大斜度井及水平井硫颗粒临界悬浮速度

在大斜度井（井斜角为 $60° \sim 86°$）及水平井中，v_{s} 与 C_{D} 之间的关系表达式为

$$v_{\mathrm{s}} = \sqrt{\frac{\pi d(\rho_{\mathrm{s}} - \rho_{\mathrm{m}})(\sin\theta + 1.732\cos\theta)g}{4.576 C_{\mathrm{D}} \rho_{\mathrm{m}} \cos\theta}} \tag{4-60}$$

1. 黏性阻力区（$Re < 1$）

根据前文推导，可得不等式：

$$d_{\mathrm{s}} \leqslant 1.528 \left[\frac{\mu_{\mathrm{m}}^2 \cos\theta}{\rho_{\mathrm{m}}(\rho_{\mathrm{s}} - \rho_{\mathrm{m}})(\sin\theta + 1.732\cos\theta)} \right]^{\frac{1}{3}} \tag{4-61}$$

当粒径处于该范围时，临界悬浮速度的表达式为

$$v_{\mathrm{gcr}} = \frac{d_{\mathrm{s}}^2 (\rho_{\mathrm{s}} - \rho_{\mathrm{m}})(\sin\theta + 1.732\cos\theta)g}{34.96 \mu_{\mathrm{m}} \cos\theta} \tag{4-62}$$

2. 过渡区（$1 < Re < 500$）

根据前文推导，可得不等式：

$$1.528 \left[\frac{\mu_{\mathrm{m}}^2 \cos\theta}{\rho_{\mathrm{m}}(\rho_{\mathrm{s}} - \rho_{\mathrm{m}})(\sin\theta + 1.732\cos\theta)} \right]^{\frac{1}{3}} \leqslant d_{\mathrm{s}} \leqslant 25.52 \left[\frac{\mu_{\mathrm{m}}^2 \cos\theta}{\rho_{\mathrm{m}}(\rho_{\mathrm{s}} - \rho_{\mathrm{m}})(\sin\theta + 1.732\cos\theta)} \right]^{\frac{1}{3}}$$
$$\tag{4-63}$$

当粒径处于该范围时，临界悬浮速度的表达式为

$$v_{\mathrm{gcr}} = 0.768 d_{\mathrm{s}} \sqrt[3]{\frac{(\rho_{\mathrm{s}} - \rho_{\mathrm{m}})^2 (\sin\theta + 1.732\cos\theta)^2}{\rho_{\mathrm{m}} \mu_{\mathrm{m}} \cos\theta^2}} \tag{4-64}$$

3. 压差阻力区（紊流区）（$500 \leqslant Re \leqslant 2 \times 10^5$）

在该区内，拖曳系数取值为

$$C_D = 0.44 \tag{4-65}$$

根据颗粒的拖曳系数与雷诺数的关系，可以求得不等式：

$$25.52\left[\frac{\mu_m^2 \cos\theta}{\rho_m(\rho_s-\rho_m)(\sin\theta+1.732\cos\theta)}\right]^{\frac{1}{3}} \leqslant d_s \leqslant 1093\left[\frac{\mu_m^2 \cos\theta}{\rho_m(\rho_s-\rho_m)(\sin\theta+1.732\cos\theta)}\right]^{\frac{1}{3}} \tag{4-66}$$

当粒径处于该范围时，临界悬浮速度的表达式为

$$v_{gcr} = 3.92\sqrt{\frac{d_s(\rho_s-\rho_m)(\sin\theta+1.732\cos\theta)}{\rho_m\cos\theta}} \tag{4-67}$$

4.2.6　临界悬浮速度的影响因素

由前文分析可知，临界悬浮速度的影响因素较多，在硫呈液硫状态时，其临界悬浮速度主要与混合流体密度、液硫密度有关，呈固硫时主要与混合流体密度及硫颗粒的粒径有关，当其流动状态处于黏性阻力区或过渡区时，其临界悬浮速度还与黏度有关。根据临界悬浮速度公式，分别分析混合流体密度对临界悬浮速度的影响(图 4-4)、液硫密度对临界悬浮速度的影响(图 4-5)、硫颗粒直径对临界悬浮速度的影响(图 4-6)以及流体黏度对临界悬浮速度的影响(图 4-7)。

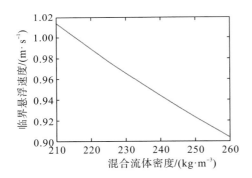

图 4-4　临界悬浮速度与混合流体密度的关系

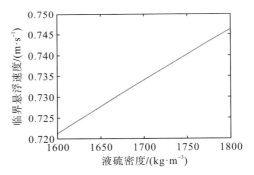

图 4-5　临界悬浮速度与液硫密度的关系

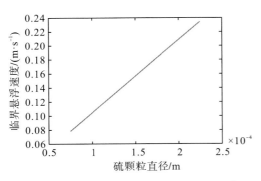

图 4-6　临界悬浮速度与硫颗粒直径的关系

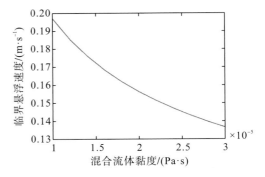

图 4-7　临界悬浮速度与流体黏度的关系

由图 4-4 可知，当硫单质呈颗粒状时，其密度基本不发生变化，因此临界悬浮速度主要受混合流体密度的影响，混合流体密度越大临界悬浮速度越小，即流体的挟液挟固能力越大。

由图 4-5 可知，当硫以液滴形式存在时，其密度发生变化会影响硫液滴的临界悬浮速度，液硫密度越小其临界悬浮速度越小，越容易随混合流体运动至井口。该规律符合硫单质呈颗粒状态时对应的规律。

由图 4-6 可知，当硫呈固体颗粒状时，其临界悬浮速度受硫颗粒直径的影响较大，硫颗粒直径越大其临界悬浮速度越大。

由图 4-7 可知，混合流体黏度对临界悬浮速度影响较大，当流体黏度增大时流体对固体颗粒的拖曳力明显增强，挟液挟固能力增大，因此硫颗粒的临界悬浮速度减小。

当井斜角发生改变时，硫单质的临界悬浮速度也会发生较大变化。若考虑硫单质呈硫颗粒状态，其在压差阻力区的临界悬浮速度随井斜角的变化曲线如图 4-8 所示。

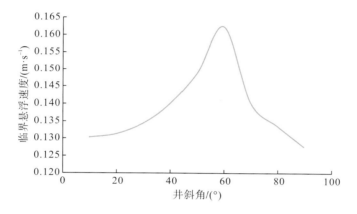

图 4-8　井斜角和硫颗粒临界悬浮速度的关系

由图 4-8 可知，井斜角对硫颗粒的临界悬浮速度的影响十分明显，在井斜角小于 60°时，随井斜角增大硫颗粒的临界悬浮速度增大；在井斜角大于 60° 后，临界悬浮速度随井斜角增大而减小，这与韩岐清等(2016)对临界悬浮速度与井斜角关系的认识一致。这是由于，在小斜度段井筒中的硫颗粒主要受悬浮力作用，井斜角增大其临界流速增大，当井斜角超过 60° 时，井筒中硫颗粒主要受拖曳力的作用做翻滚运动，临界悬浮速度随井斜角增大而减小。因此，在大斜度井井筒中最易发生硫沉积现象。

4.3　井筒硫沉积预测

若硫析出后沉积形成硫垢会改变油管粗糙度、传热性质等，从而改变整个井筒的温度、压力分布。因此通过井筒温度、压力耦合剖面，研究硫单质的扩散沉积并对硫沉积的动态进行预测。

4.3.1 硫析出量与析出位置预测

临界硫溶解度是判断硫析出的决定性条件，当井底的温度、压力对应的溶解度大于临界硫溶解度时，硫单质不析出，井筒中的流体为单一的气相或气水两相。当溶解度刚好达到临界硫溶解度状态时，硫单质将从混合流体中析出，混合流体变成气-水-液硫或气-水-固硫多相流，结合温度、压力模型和硫溶解度模型进行计算，对应临界硫溶解度时的温度、压力所处的井筒深度即为硫的析出位置。

$$\begin{cases} -\dfrac{\mathrm{d}p}{\mathrm{d}z} = \rho g \sin\theta + f\dfrac{\rho v^2}{2d} - \rho v\dfrac{\mathrm{d}v}{\mathrm{d}z} \text{(压降计算基础式)} \\[2mm] \dfrac{\mathrm{d}T_{\mathrm{f}}}{\mathrm{d}z} = \dfrac{T_{\mathrm{ei}} - T_{\mathrm{f}}}{A} - \dfrac{v\mathrm{d}v}{c_{\mathrm{p}}\mathrm{d}z} - \dfrac{g\sin\theta}{c_{\mathrm{p}}} + \dfrac{fv^2}{2dc_{\mathrm{p}}\mathrm{d}z} + \alpha_{\mathrm{H}}\dfrac{\mathrm{d}p}{\mathrm{d}z} \text{(温度计算基础式)} \\[2mm] C = \rho^{2.4}\exp(-7600.4/T + 8.6) \end{cases} \tag{4-68}$$

式中，f——摩阻系数；

T_{ei}——地层温度，℃；

C——硫溶解度，$\mathrm{g \cdot m^{-3}}$。

式(4-68)中的温度、压降计算公式为基础形式，单位时间内析出硫单质的体积为

$$\mathrm{d}V_{\mathrm{s}} = \frac{q_{\mathrm{g}}B_{\mathrm{g}}\Delta C\mathrm{d}t}{\rho_{\mathrm{s}}} \times 10^{-6} \tag{4-69}$$

式中，B_{g}——气体体积系数；

t——生产时间，d。

4.3.2 管壁硫的扩散沉积模型

由于井筒内部的扩散对流作用导致井壁的温度低于混合流体的温度。在这种情况下，若硫析出后呈固态颗粒，且实际流速小于临界悬浮速度，则硫颗粒会吸附沉积在井筒壁面上。硫析出后有可能会在管壁上结晶形成硫垢，导致管壁温度降低，使流体和井壁之间的温差不断地增大，硫溶解度差值也不断地增大。基于此原因，混合流体中析出的单质硫向井壁开始扩散沉积。

在应用传动公式计算硫的沉积位置和沉积量时，首先应该确定传质系数的值。根据雷诺数的不同可分为不同的区间：

（1）当 $Re = 4000 \sim 60000$，$Sc = 0.6 \sim 3000$ 时：

$$j_{\mathrm{D}} = 0.023Re^{-0.17}Sc^{-\frac{2}{3}} \tag{4-70}$$

（2）当 $Re = 10000 \sim 400000$，$Sc > 10$ 时：

$$j_{\mathrm{D}} = 0.0149Re^{-0.12}Sc^{-\frac{2}{3}} \tag{4-71}$$

式中，j_{D}——传质因子；

Re——雷诺数；

Sc——史密特数。

相应参数计算：

$$Re = \frac{\rho_m v_m D}{\mu_m} \tag{4-72}$$

$$Sc = \frac{\mu_m}{\rho_m D_s^m} \tag{4-73}$$

式中，D——特征长度；

D_s^m——硫的扩散系数，$m^2 \cdot s^{-1}$。

硫在井筒内的传质系数为

$$k_s = j_D v_m \tag{4-74}$$

式中，k_s——硫的传质系数，$m \cdot s^{-1}$。

若式(4-72)~式(4-74)中的参数超过了一定的范围，应该用类比法对 j_D 进行求解，如冯-卡门类比：

$$j_D = \frac{j_M}{1 + 5\sqrt{j_M \left\{ Sc - 1 + \ln\left[(1 + 5Sc)/6\right] \right\}}} \tag{4-75}$$

$$j_M = \frac{\tau_s}{\rho \dfrac{u_\infty^2}{2}} \tag{4-76}$$

式中，j_M——动量传递的 j 因子；

τ_s——流体在管壁的剪切力，Pa。

在计算硫沉积的过程中，当混合流体中的硫颗粒开始析出，并且在混合流速小于硫单质的临界悬浮速度时向管壁沉积形成硫垢，质量传质通量式：

$$J_s = \begin{cases} = 0, & x_s \leqslant x_s^{jb} \\ = k_s \rho_m M_s (x_s - x_s^{jb}), & x_s > x_s^{jb} \end{cases} \tag{4-77}$$

式中，M_s——硫分子的分子量；

x_s——硫的摩尔含量；

x_s^{jb}——结晶处的硫的平衡摩尔浓度。

硫沉积的量会随着生产进行而增加，井筒井径随时间变化的方程为

$$\frac{dR}{dt} = -\frac{J_s}{\rho_s} \tag{4-78}$$

4.3.3　井筒硫沉积预测实例

以位于加拿大的一口高含硫气井 C 井为例，该井的基础数据及天然气组成分别见表 4-1 和表 4-2。在生产过程中，发现井深 3468.2m 处开始有硫沉积，因此利用该井的生产数据和组分模型，通过式(4-68)~式(4-78)及临界悬浮速度的公式预测该井的硫析出位置、生产一天硫累计析出质量(即日析出量)及沉积位置。

表 4-1　生产数据

井深/m	井口油压/MPa	井底温度/℃	测点井口流温/℃	测点流动压力/MPa	产气量/$(10^4 m^3 \cdot d^{-1})$	产水量/$(10^4 m^3 \cdot d^{-1})$
4300	31	122.2	32.8	41.23	1.62	0

表 4-2　C 井天然气组成

组分	CH_4	C_2H_6	C_3H_8	C_{4+}	H_2S	CO_2
组成/%	83	1.5	0.5	0	10.4	4.6

由图 4-9 可知，该井在井深 3425m 处硫开始析出，由于该井的井底温度较低，与硫呈液体和固体状态的临界温度相近，因此该井只有在井底附近的析出硫才会有少量的硫液滴，其余井段并没有达到硫呈液体的条件，所以硫析出后硫单质呈硫颗粒状。

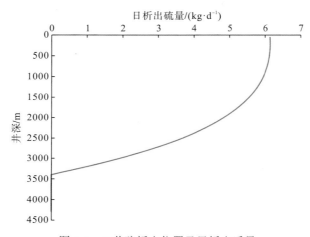

图 4-9　C 井硫析出位置及日析出质量

硫颗粒有可能会在井筒附近结晶传质发生沉积并形成硫垢，而硫沉积的条件即为硫的临界悬浮速度大于气井中混合流体的流速，因此对硫析出后硫颗粒的临界悬浮速度和气井气体流速作对比并依此预测硫沉积位置，如图 4-10、图 4-11 所示。

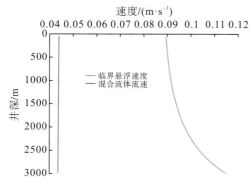

图 4-10　C 井硫颗粒临界悬浮速度和气体流速

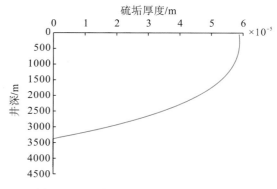

图 4-11　C 井硫沉积位置及硫垢厚度示意图

结合图 4-10 和图 4-11 可知，本书模型预测出该井在 3425m 处有硫析出，并且析出后立即沉积，这是因为该井的产量很小，气体的流速远低于硫颗粒的临界悬浮速度，所以硫颗粒析出后立即向井壁结晶传质形成硫垢。由实际数据可知，该井的实际硫沉积位置为 3468.2m，表明本书硫沉积模型的预测结果与实际情况相符。

4.3.4　井筒硫沉积影响因素

硫沉积规律的主要影响因素是温度和压力，它们的大小决定了硫的溶解度和流体的运动规律。其次，影响硫沉积的因素还包括硫化氢含量、产水量、井筒类型、产量和生产时间等，下面通过式(4-68)～式(4-78)及临界悬浮速度的公式，依次分析不同因素对硫沉积规律的影响(选用表 4-1、表 4-2 中的数据)。

1. 井底温度对硫沉积规律的影响

井底温度和地温梯度的改变会直接影响硫的析出位置和析出量。分别计算井底温度为 102℃、112℃ 和 122℃ 时，井筒中硫的析出位置和日析出量，如图 4-12 所示。

从图 4-12 可以看出，井底温度对硫的析出位置影响十分明显，当井底温度为 102℃ 时，硫的析出位置大约在 3900m，而当井底温度为 122℃ 时，硫的析出位置大约在 3400m，即井底温度越高，井筒中硫的析出位置距离井口越近，越有利于生产。

由于硫析出后，其临界悬浮速度大于气井流速，故沉积形成硫垢，硫垢厚度随井底温度的变化曲线如图 4-13 所示。

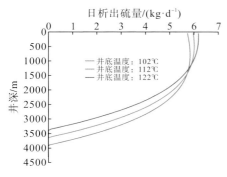
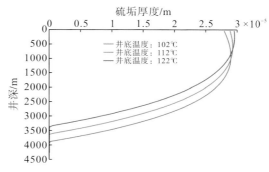

图 4-12　井底温度对硫析出位置及
　　　　　日析出量的影响

图 4-13　不同井底温度对硫沉积位置及
　　　　　硫垢厚度的影响

从图 4-13 可以看出，硫垢的形成位置和硫析出的位置一致，即析出后立即向井壁传质形成硫垢。

2. 井底压力对硫沉积规律的影响

分别计算井底压力为 41MPa、46MPa 和 53MPa 时，井筒中硫的析出位置和日析出量，如图 4-14 所示，硫垢的形成位置和硫垢厚度如图 4-15 所示。

从图 4-14 可以看出，井底压力对硫的析出位置影响十分明显，当井底压力为 41MPa 时，硫的析出位置大约在 3400m，而当井底压力为 53MPa 时，硫的析出位置大约在 2100m，即井底压力越高，井筒中硫的析出位置距离井口越近，生产一天的累计析出量越小，越有利于生产。

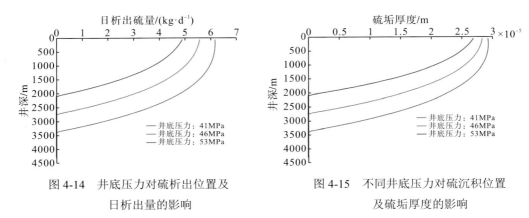

图 4-14　井底压力对硫析出位置及　　　　　图 4-15　不同井底压力对硫沉积位置
　　　　　日析出量的影响　　　　　　　　　　　　　　　及硫垢厚度的影响

从图 4-15 可以看出，井底压力对硫垢的形成位置影响十分明显，且井底压力越高，沉积位置越靠近井口，沉积的硫量越小，硫垢厚度越小。

3. 硫化氢含量对硫沉积规律的影响

分别计算硫化氢含量为 5%、10%、15%时，硫的析出位置及日析出量，如图 4-16 所示，硫的沉积位置及沉积量如图 4-17 所示。

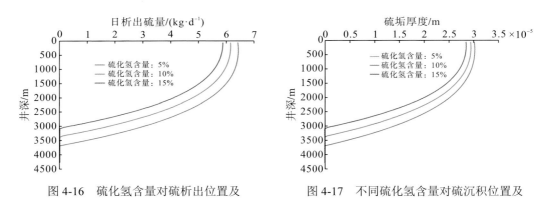

图 4-16　硫化氢含量对硫析出位置及　　　　　图 4-17　不同硫化氢含量对硫沉积位置及
　　　　　日析出量的影响　　　　　　　　　　　　　　　硫垢厚度的影响

从图 4-16 可以看出，当硫化氢含量为 5%时，硫析出的位置在 3700m 附近，当硫化氢含量升高到 15%时，析出的位置为 3100m 附近。由此可知，当硫化氢含量变大时，硫更不容易析出。但硫化氢含量的增大必然会带来生产安全问题和气井减产的问题。

从图 4-17 可以看出，随硫化氢含量的升高，硫沉积的位置越靠近井口，且沉积的量随硫化氢含量升高而减小。

4. 产水量对硫沉积规律的影响

高含硫气井产水后，影响硫沉积的过程体现在水对硫单质临界悬浮速度的改变，同时地层水的出现会改变井筒的温度、压力分布，进而影响硫的析出位置和日析出量。混合气体中由于水的存在，其挟液、挟固能力会发生改变。

因此分别计算产水量为 0、5m³·d⁻¹ 和 20m³·d⁻¹ 时硫单质的临界悬浮速度，如图 4-18 所示。分别计算产水量为 0、50m³·d⁻¹ 和 100m³·d⁻¹ 时硫析出的位置及日析出量，如图 4-19 所示。

因此分别计算产水量为 0、5$m^3 \cdot d^{-1}$ 和 20$m^3 \cdot d^{-1}$ 时硫单质的临界悬浮速度，如图 4-18 所示。分别计算产水量为 0、50$m^3 \cdot d^{-1}$ 和 100$m^3 \cdot d^{-1}$ 时硫析出的位置及日析出量，如图 4-19 所示。

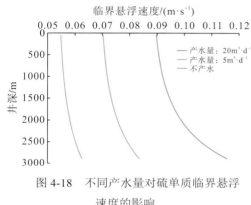

图 4-18　不同产水量对硫单质临界悬浮速度的影响

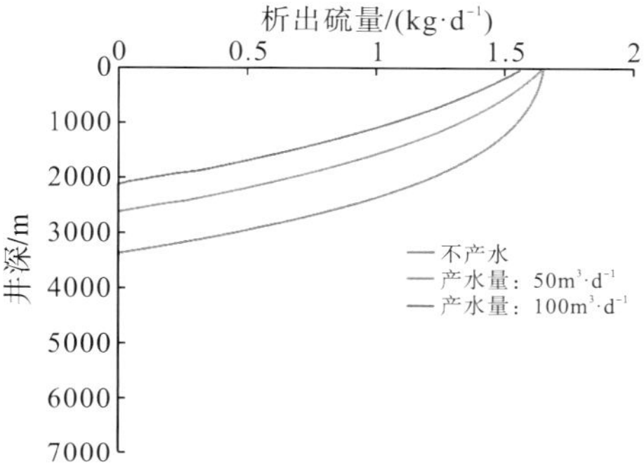

图 4-19　产水量对硫析出位置及生产 1 天累计析出量的影响

从图 4-18 可以看出，在一定范围内，随着产水量的增多，硫单质的临界悬浮流速增大，这是由于水的产出增大了混合流体的密度，增大了流体的挟液、挟固能力，但产水增多后将不可避免地造成产量的降低。

从图 4-19 可以看出，在一定范围内，随着产水量的增多，硫单质的析出位置逐渐靠近井口，日析出量减小。这是由于产水后井筒中温度发生了改变，温降降低，硫的析出位置升高。

5. 井型对硫沉积规律的影响

气井生产过程中，井型对硫沉积规律的影响主要体现在对硫单质的临界悬浮速度的改变，因此分别计算井斜角为 10°～90° 时井筒中硫单质的临界悬浮速度，如图 4-20 所示。

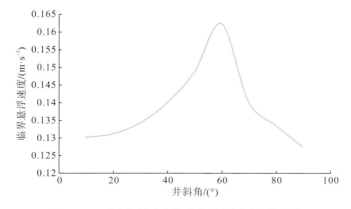

图 4-20　不同井型对硫单质临界悬浮速度的影响

6. 气井产量对硫沉积规律的影响

气井产气量的大小对硫沉积规律的影响体现在两个方面：一是产气量的大小决定了混合流体的物性参数；二是产气量关系到混合流体的流速大小，决定了混合流体的挟液、挟固能力。分别计算产量为 1 倍产量（$1.62 m^3 \cdot d^{-1}$）、2 倍产量（$3.24 m^3 \cdot d^{-1}$）和 4 倍产量（$6.48 m^3 \cdot d^{-1}$）时气井的混合流体流速，如图 4-21 所示，硫析出位置及日析出量如图 4-22 所示。

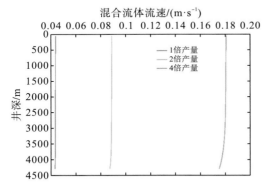
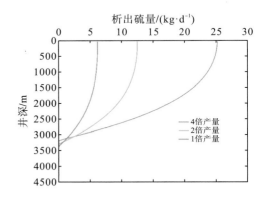

图 4-21　不同产量对混合流体流速的影响　　　　图 4-22　产量对硫析出位置及日析出量的影响

从图 4-21、图 4-22 可以看出，气井混合流体的流速随着产量的提高而增大，并且近似呈正比例关系增长，所以增大产量减少硫沉积的机理是：提高气井混合流体流速及其挟液、挟固能力，当气井流速大于硫单质的临界悬浮速度时，硫单质被挟带出井筒。同时，硫析出位置随产量的增大而升高，由于产量增大，单位时间、单位管段内流体挟带的热量增加，井筒内的温度升高，溶解度变大，临界溶解度的位置则越高，生产一天的累计硫析出量也随产量增大而增加。

从图 4-23 可以看出，硫沉积位置随产量的增大而升高，由于产量增大，气体的流速逐渐增大，气体的挟液、挟固能力逐渐升高，当产量达到原产量的 2.5 倍时，硫颗粒完全被气流挟带至井口，不发生沉积。

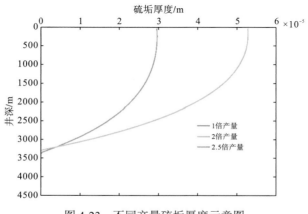

图 4-23　不同产量硫垢厚度示意图

7. 生产时间对硫沉积规律的影响

硫垢厚度变化是随生产时间逐渐累积的动态过程，当气体混合流速小于硫颗粒的临界悬浮速度时，析出的硫不断地沉积传质，严重时有可能会堵塞井筒。

分别计算生产 50 天、100 天和 200 天的硫垢厚度曲线，如图 4-24 所示，可以明显地看到随着生产时间的推进，硫垢积累的厚度越来越大。可根据本书模型预测硫垢堵塞井筒的时间，以便及时调整生产措施。

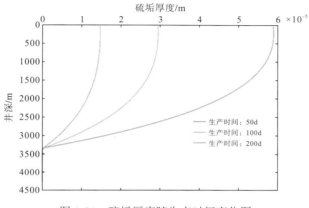

图 4-24　硫垢厚度随生产时间变化图

第5章 高含硫气井井筒非稳态温度-压力模型

气藏开发过程中，地层流体流经井筒流至地面的过程中，混合流体向地层的散热过程受温差及流体物性参数的影响，同时也随井深和时间的变化而改变。当井筒内发生一系列的相态变化时（由单相转变成气-水-液硫或气-水-固硫多相），导致混合流体的物性参数改变，进而改变流体向地层的散热量，并且随着生产的进行，由于产水气井存在的稳定液膜和析出硫颗粒向井壁沉积，都会导致井筒在径向上的温度分布发生改变。在之前预测温度的研究中，很多学者忽略了井筒部分在初期的散热量，考虑其为稳态传热，即认为井筒内的导热过程不随时间发生改变。但是，生产资料显示：开井初期井口温度从低到高的变化幅度很大，因此，很难用现有的温度模型对开井初期的井筒温度进行很好的预测。本章进一步研究实际散热过程，认为流体在井筒部分的传热为非稳态传热，故在此假设的基础上，采用热力学理论建立井筒温度模型。

通常情况下，油气田开发过程中会在井下下入压力计实时监测井筒的压力变化，但针对高含硫气藏，由于酸性气体的强腐蚀性，井筒环境较差，很难通过压力计监测温度、压力的变化。所以，高含硫气井中的压力计算也以预测为主。本书从研究流体流动规律出发，首先划分井筒中的流型，并结合流型的特点分析不同相态下（由单一的气相转变成气-水-液硫或气-水-固硫多相）压力模型的区别，得到多相管流的压降模型。

5.1 高含硫气井井筒温度模型

5.1.1 能量平衡方程

混合流体在向上流动的过程中，自身的温度较高而周围环境（井壁、地层）的温度较低，在流动过程中它们之间会存在热量传递，即地层会不断地吸收流体热量。因此，温度模型的首要任务在于确定井筒流体向周围介质传递的散热量。由能量守恒定律可知：能量并不会凭空的产生和消失。传热分析微元体见图 5-1，其能量平衡方程为

$$q_x + q_y + q_z + q_{内热} = q_{x+dx} + q_{x+dx} + q_{x+dx} + \frac{dE}{\tau} \tag{5-1}$$

进入单元体的能量：

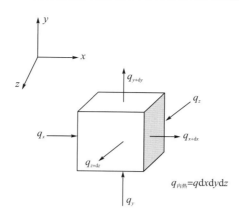

图 5-1　传热分析微元体

$$q_x = -\lambda \mathrm{d}y\mathrm{d}z\frac{\partial T}{\partial x}\tag{5-2}$$

$$q_y = -\lambda \mathrm{d}x\mathrm{d}z\frac{\partial T}{\partial y}\tag{5-3}$$

$$q_z = -\lambda \mathrm{d}x\mathrm{d}y\frac{\partial T}{\partial z}\tag{5-4}$$

流出单元体的热量：

$$q_{x+\mathrm{d}x} = -\left[\lambda\frac{\partial T}{\partial x} + \frac{\partial}{\partial x}\left(\lambda\frac{\partial T}{\partial x}\right)\mathrm{d}x\right]\mathrm{d}y\mathrm{d}z\tag{5-5}$$

$$q_{y+\mathrm{d}y} = -\left[\lambda\frac{\partial T}{\partial y} + \frac{\partial}{\partial y}\left(\lambda\frac{\partial T}{\partial y}\right)\mathrm{d}y\right]\mathrm{d}x\mathrm{d}z\tag{5-6}$$

$$q_{z+\mathrm{d}z} = -\left[\lambda\frac{\partial T}{\partial z} + \frac{\partial}{\partial z}\left(\lambda\frac{\partial T}{\partial z}\right)\mathrm{d}z\right]\mathrm{d}x\mathrm{d}y\tag{5-7}$$

内能变化：

$$q_{内热} = \dot{q}\mathrm{d}x\mathrm{d}y\mathrm{d}z\tag{5-8}$$

单元体内部产生的热量：

$$\frac{\mathrm{d}E}{\tau} = \rho c\mathrm{d}x\mathrm{d}y\mathrm{d}z\frac{\partial T}{\partial \tau}\tag{5-9}$$

三维热传导方程式：

$$\frac{\partial}{\partial x}\left(\lambda\frac{\partial T}{\partial x}\right) + \frac{\partial}{\partial y}\left(\lambda\frac{\partial T}{\partial y}\right) + \frac{\partial}{\partial z}\left(\lambda\frac{\partial T}{\partial z}\right) + \dot{q} = \rho c\frac{\partial T}{\partial \tau}\tag{5-10}$$

若导热系数为常数，式(5-10)可写为

$$\frac{\partial^2 T}{\partial x^2} + \frac{\partial^2 T}{\partial y^2} + \frac{\partial^2 T}{\partial z^2} + \frac{\dot{q}}{\lambda} = \frac{1}{\alpha}\frac{\partial T}{\partial \tau}\tag{5-11}$$

式中，c——比热容，$\mathrm{J\cdot kg^{-1}\cdot {}^\circ C^{-1}}$；

∂ —— $\partial = \dfrac{\lambda}{pc}$。

5.1.2 非稳态导热模型

计算井筒温度分布的关键在于计算混合流体散失到地层的散热量。研究气井生产时的井口温度资料发现：开井初期井筒温度并不稳定，在短时间内有明显加速上升的趋势，且温度的变化幅度很大。基于此现象，本书将井筒传热设为非稳态的导热过程。特别是在开井初期，流入井筒内的流体温度较高，而井壁周围的温度相对较低，会导致流体向低温井筒介质传热，但该过程的散热量并非定值，结合气井的生产资料和实际导热过程不难发现，在开井时由于流体和周围介质的温差很大导致散热量也大，流体运动至井口时温度较低，但当周围温度缓慢上升之后，流体和介质之间的温度差就不断降低，因此散热量也开始减小，流体在流动过程中的温降也越来越小，因此井口温度也会随之升高。

首先，建立井筒-地层非稳态导热模型，求解在任意生产时刻的流体径向散热量。然后，修正由于硫垢和稳定液膜存在时对井筒热力学参数的影响。最后，结合散热量的计算和热力学模型建立井筒的非稳态温度模型。

1. 非稳态导热过程

混合流体向地层中导热的过程如图 5-2 所示。

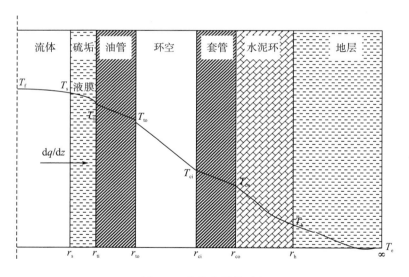

图 5-2 非稳态导热过程

r_s.流体距井筒中心外半径，m；r_{ti}.硫垢液膜距井筒中心外半径，m；r_{to}.油管距井筒中心外半径，m；r_{ci}.环空距井筒中心外半径，m；r_{co}.套管据井筒中心外半径，m；r_h.水泥环距井筒中心外半径，m；T_f.流体中心温度，℃；T_s.流体外边界温度，℃；T_{ti}.硫垢液膜外边界温度，℃；T_{to}.油管外边界温度，℃；T_{ci}.环空外边界温度，℃；T_{co}.套管外边界温度，℃；T_h.水泥环外边界温度，℃；T_e.无限大地层温度，℃

径向上，以井筒中心为坐标原点，地层边界为正方向：

(1)流体经热对流将热量传递至液膜和硫垢；

(2)油管外壁和硫垢、液膜之间通过热传导进行热量传递；

(3)在油套环空中把热量传递到套管内壁的主要形式是对流和辐射；

(4)热量通过导热形式在套管、水泥环部分传递。

2．假设条件及特点

(1)考虑由单相变成气-水-液硫或气-水-固硫多相所导致的各种物性参数改变；

(2)硫颗粒发生沉积后，考虑硫垢对温度分布的影响；

(3)考虑井筒内稳定液膜对温度的影响；

(4)井筒温度初值由原始地层温度和地温梯度给定。

3．模型建立

首先在径向上进行节点划分，可得流体依次向油管、环空套管、水泥环和地层传递能量的平衡方程：

$$\frac{\partial^2 T_{\text{liugou}}(r,\tau)}{\partial r^2} + \frac{1}{r}\frac{\partial T_{\text{liugou}}(r,\tau)}{\partial r} = \frac{(\rho c)_{\text{liugou}}}{\lambda_{\text{liugou}}}\frac{\partial T_{\text{liugou}}(r,\tau)}{\partial \tau} \tag{5-12}$$

$$\frac{\partial^2 T_{\text{tub}}(r,\tau)}{\partial r^2} + \frac{1}{r}\frac{\partial T_{\text{tub}}(r,\tau)}{\partial r} = \frac{(\rho c)_{\text{tub}}}{\lambda_{\text{tub}}}\frac{\partial T_{\text{tub}}(r,\tau)}{\partial \tau} \tag{5-13}$$

$$\frac{\partial^2 T_{\text{cas}}(r,\tau)}{\partial r^2} + \frac{1}{r}\frac{\partial T_{\text{cas}}(r,\tau)}{\partial r} = \frac{(\rho c)_{\text{cas}}}{\lambda_{\text{cas}}}\frac{\partial T_{\text{cas}}(r,\tau)}{\partial \tau} \tag{5-14}$$

$$\frac{\partial^2 T_{\text{huankong}}(r,\tau)}{\partial r^2} + \frac{1}{r}\frac{\partial T_{\text{huankong}}(r,\tau)}{\partial r} = \frac{(\rho c)_{\text{huankong}}}{(h_c + h_r)_{\text{huankong}}}\frac{\partial T_{\text{huankong}}(r,\tau)}{\partial \tau} \tag{5-15}$$

$$\frac{\partial^2 T_{\text{cem}}(r,\tau)}{\partial r^2} + \frac{1}{r}\frac{\partial T_{\text{cem}}(r,\tau)}{\partial r} = \frac{(\rho c)_{\text{cem}}}{\lambda_{\text{cem}}}\frac{\partial T_{\text{cem}}(r,\tau)}{\partial \tau} \tag{5-16}$$

由于导热过程为非稳态过程，因此温度会随时间改变，同时由于稳定液膜和硫垢的形成，热容与导热系数等参数将发生改变。因此，建立井筒-地层、地层的导热微分方程，如下式：

$$\begin{cases} \dfrac{\partial^2 T_1(r,\tau)}{\partial r^2} + \dfrac{1}{r}\dfrac{\partial T_1(r,\tau)}{\partial r} = \dfrac{(\rho c)_{\text{h}}}{U_{\text{to}}}\dfrac{\partial T_1(r,\tau)}{\partial \tau} \\[2mm] \dfrac{\partial^2 T_2(r,\tau)}{\partial r^2} + \dfrac{1}{r}\dfrac{\partial T_2(r,\tau)}{\partial r} = \dfrac{(\rho c)_{\text{e}}}{\lambda_{\text{e}}}\dfrac{\partial T_2(r,\tau)}{\partial \tau} \end{cases} \tag{5-17}$$

式中，$T_1(r,\ \tau)$——井筒温度函数，℃，下文以 T_1 代替；

$\quad\quad T_2(r,\ \tau)$——地层温度函数，℃，下文以 T_2 代替；

$\quad\quad r$——距井筒中心的距离，m；

$\quad\quad \tau$——时间，s；

U_{to}——总传热系数，$W \cdot m^{-1} \cdot K^{-1}$；

$(\rho c)_h$、$(\rho c)_e$——井筒至地层、地层单位体积的热容，$J \cdot m^{-3} \cdot K^{-1}$；

λ_e——地层传热系数，$W \cdot m^{-1} \cdot K^{-1}$。

1）初始条件

在气藏还未投入生产时，由于长时间的平衡过程，地层的各项参数处于稳定的状态，地层任意位置（T_i）的温度均可通过地层的位置和地温梯度求得，因此本书选取该时刻为初始状态：

$$\lim_{t \to 0} T_i = T_0 + az \tag{5-18}$$

式中，a——地温梯度，$℃ \cdot m^{-1}$；

   z——地层深度，m；

   T_0——地表温度。

2）内边界条件

热损失量通过傅里叶定理给定：

$$\frac{dq}{dz} = -2\pi r_{to} U_{to} \left. \frac{\partial T_1}{\partial r} \right|_{r=r_{to}^+} \tag{5-19}$$

$$\frac{dq}{dz} = -\frac{2\pi \lambda_e}{W} \left. \frac{\partial T_2}{\partial r} \right|_{r=r_h^+} \tag{5-20}$$

$$\left. T_1 \right|_{r=r_h^-} = \left. T_2 \right|_{r=r_h^+} \tag{5-21}$$

式中，W——总质量流量，$kg \cdot s^{-1}$；

   dq/dz——单位管段单位时间内的热损失量，$J \cdot m^{-1} \cdot s^{-1}$。

3）外边界条件

在无穷远处，地层的温度受井筒流体的影响很小，基本不随气井的开发而发生改变，因此本书将地层的无穷远处作为外边界条件：

$$\left. T_2 \right|_{r \to \infty} = T_{ei} \tag{5-22}$$

将模型的初始条件、内边界和外边界条件代入模型中。但是由于该模型的求解比较困难，因此选用拉氏变换将实变量函数转变为复变量函数再进行求解。拉氏变换可以有效地将微分方程转化为代数方程。

将相关参数无量纲化处理：

$$T_{1D} = -\frac{2\pi U_{to}}{W dq/dz}(T_1 - T_{ei}) \tag{5-23}$$

$$T_{2D} = -\frac{2\pi \lambda_e}{W dq/dz}(T_2 - T_{ei}) \tag{4-24}$$

$$r_D = \frac{r}{r_s} \tag{4-25}$$

$$\alpha = \frac{(\rho c)_{\mathrm{h}}}{U_{\mathrm{to}}} \tag{5-26}$$

$$\varepsilon = \frac{r_{\mathrm{h}}}{r_{\mathrm{s}}} \tag{5-27}$$

$$\tau_{\mathrm{D}} = \frac{\alpha \cdot \tau}{r_{\mathrm{s}}^2} \tag{5-28}$$

$$\beta = \frac{\lambda_{\mathrm{e}}}{U_{\mathrm{to}}} \tag{5-29}$$

$$\theta = \frac{(\rho c)_{\mathrm{e}}}{(\rho c)_{\mathrm{g}}(1 - H_{\mathrm{s}}) + (\rho c)_{\mathrm{s}} H_{\mathrm{s}}} \tag{5-30}$$

式中，H_{s}——持固率。

以无因次温度为象函数，经拉氏变换将温度作为象原函数，将其转化为距离的原函数：

$$\overline{T_{1\mathrm{D}}} = \int_0^\infty T_{1\mathrm{D}} \mathrm{e}^{-st} \mathrm{d}t \tag{5-31}$$

$$\overline{T_{2\mathrm{D}}} = \int_0^\infty T_{2\mathrm{D}} \mathrm{e}^{-st} \mathrm{d}t \tag{5-32}$$

4. 求解

由于在温度模型求解的过程中，拉氏变化可以有效地去除时间参数对温度计算的影响，因此目前对于井筒温度求解的计算方法中拉氏变换可以将温度有效地转变成与距离有关的函数，从而将偏微分方程化简为常微分方程。

根据式(5-23)～式(5-32)可得定解问题：

$$\frac{\mathrm{d}^2 \overline{T_{1\mathrm{D}}}}{\mathrm{d}r_{\mathrm{D}}^2} + \frac{1}{r_{\mathrm{D}}} \frac{\mathrm{d}\overline{T_{1\mathrm{D}}}}{\mathrm{d}r_{\mathrm{D}}} - s \cdot \overline{T_{1\mathrm{D}}} = 0 \qquad (1 \leqslant r_{\mathrm{D}} \leqslant \varepsilon) \tag{5-33}$$

$$\frac{\mathrm{d}^2 \overline{T_{2\mathrm{D}}}}{\mathrm{d}r_{\mathrm{D}}^2} + \frac{1}{r_{\mathrm{D}}} \frac{\mathrm{d}\overline{T_{2\mathrm{D}}}}{\mathrm{d}r_{\mathrm{D}}} - s \frac{\theta}{\beta} \cdot \overline{T_{2\mathrm{D}}} = 0 \qquad (r_{\mathrm{D}} > \varepsilon) \tag{5-34}$$

$$\left. \frac{\mathrm{d}\overline{T_{1\mathrm{D}}}}{\mathrm{d}r_{\mathrm{D}}} \right|_{r_{\mathrm{D}} = 1^+} = -\frac{1}{s} \tag{5-35}$$

$$\left. \overline{T_{1\mathrm{D}}} \right|_{r_{\mathrm{D}} = \varepsilon^-} = \left. \overline{T_{2\mathrm{D}}} \right|_{r_{\mathrm{D}} = \varepsilon^+} \tag{5-36}$$

$$\left. \frac{\mathrm{d}\overline{T_{1\mathrm{D}}}}{\mathrm{d}r_{\mathrm{D}}} \right|_{r_{\mathrm{D}} = \varepsilon^-} = \beta \cdot \left. \frac{\mathrm{d}\overline{T_{2\mathrm{D}}}}{\mathrm{d}r_{\mathrm{D}}} \right|_{r_{\mathrm{D}} = \varepsilon^+} \tag{5-37}$$

$$\left. \overline{T_{2\mathrm{D}}} \right|_{r_{\mathrm{D}} \to \infty} = 0 \tag{5-38}$$

由数学物理方程知识可知，在应用拉氏变化处理径向热传导的问题时，往往使用贝塞尔方程进行求解，它的标准函数形式为

$$x^2 \frac{\mathrm{d}^2 y}{\mathrm{d}x^2} + x \frac{\mathrm{d}y}{\mathrm{d}x} + (x^2 - a^2) y = 0 \tag{5-39}$$

不难看出，在拉氏变换之后，式(5-33)和式(5-34)正是贝塞尔函数的标准函数形式，

又由于 $a=0$，根据两式中的系数 $s=-x^2$ 可知，该方程为虚宗量贝塞尔方程。因此，其解为

$$\overline{T}_{1D} = AI_0\left(\sqrt{s} \cdot r_D\right) + BK_0\left(\sqrt{s} \cdot r_D\right) \tag{5-40}$$

$$\overline{T}_{2D} = CI_0\left(\sqrt{s\frac{\theta}{\beta}} \cdot r_D\right) + DK_0\left(\sqrt{s\frac{\theta}{\beta}} \cdot r_D\right) \tag{5-41}$$

此处按照贝塞尔函数求解微分方程通解的形式对待定系数进行求解，本书在此不再赘述，待定系数的解如下所示：

$$A = -\frac{K_0\left(\varepsilon\sqrt{s}\right) \cdot \sqrt{\beta\theta}K_1\left(\varepsilon\sqrt{s\frac{\theta}{\beta}}\right) - K_0\left(\varepsilon\sqrt{s\frac{\theta}{\beta}}\right) \cdot K_1\left(\varepsilon\sqrt{s}\right)}{s \cdot \det M} \tag{5-42}$$

$$B = \frac{I_0\left(\varepsilon\sqrt{s}\right) \cdot \sqrt{\beta\theta}K_1\left(\varepsilon\sqrt{s\frac{\theta}{\beta}}\right) + K_0\left(\varepsilon\sqrt{s\frac{\theta}{\beta}}\right) \cdot I_1\left(\varepsilon\sqrt{s}\right)}{s \cdot \det M} \tag{5-43}$$

$$C = 0 \tag{5-44}$$

$$D = \frac{I_0\left(\varepsilon\sqrt{s}\right) \cdot K_1\left(\varepsilon\sqrt{s}\right) + K_0\left(\varepsilon\sqrt{s}\right) \cdot I_1\left(\varepsilon\sqrt{s}\right)}{s \cdot \det M} \tag{5-45}$$

待 A、B、C、D 求得之后，代入式(5-40)、式(5-41)，即可求得拉氏变换的虚数解。

至此，该方程的求解过程仍然困难，因为贝塞尔方程求得的通解为虚解，因此通过 Stefest 数值反演求得实解，可以将无因次温度函数转化为实数解。将无因次函数代入散热量的求解公式中，可得

$$\frac{dq}{dz} = \frac{-2\pi U_{to}\left(T_1 - T_{ei}\right)}{WT_{1D}} \tag{5-46}$$

气井产水后，由于气井产量大，地层水通常形成稳定的液膜在井壁周围向上运动。同时当井筒内存在硫垢时，均会导致热量在向地层传递的过程中增加一个环节，因此通过硫垢和液膜的热流量为

$$\frac{dq_w}{dz} = \frac{2\pi\lambda_w\left(T_w - T_{ti}\right)}{\ln\dfrac{r_{ti}}{r_{ti} - \Delta r_w}}$$

$$\frac{dq_s}{dz} = \frac{2\pi\lambda_s(T_s - T_{ti})}{\ln\dfrac{r_{ti}}{r_{ti} - \Delta r}} \tag{5-47}$$

式中，λ_w、λ_s——地层水、硫垢导热系数，$W \cdot m^{-1} \cdot K^{-1}$；

T_w、T_s——液膜、硫垢内的温度，K；

Δr_w——液膜厚度，m；

Δr——硫垢厚度，m。

总传热系数会直接影响温度的计算，总传热系数越大时流体的散热量也越大。硫垢和液膜的形成会改变井筒的总传热系数，当井筒中考虑这一影响时，总传热系数为

$$U_{\mathrm{to}} = \left(R_{\mathrm{j}} + \frac{r_{\mathrm{to}} \ln \dfrac{r_{\mathrm{ti}}}{r_{\mathrm{ti}} - \Delta r}}{\lambda_{\mathrm{s}}} + \frac{r_{\mathrm{to}} \ln \dfrac{r_{\mathrm{ti}}}{r_{\mathrm{ti}} - \Delta r_{\mathrm{w}}}}{\lambda_{\mathrm{w}}} \right)^{-1} \tag{5-48}$$

井筒内出现气-水-固硫、气-水-液硫多相流时，单位体积热容修正如下：

（1）气-水-液硫多相流时：

$$\left(\rho_{\mathrm{m}} c_{\mathrm{pm}} \right)_{\mathrm{f}} = \left(\rho c \right)_{\mathrm{g}} \beta_{\mathrm{g}} + \left(\rho c \right)_{\mathrm{ls}} \beta_{\mathrm{ls}} + \left(\rho c \right)_{\mathrm{w}} \beta_{\mathrm{w}} \tag{5-49}$$

（2）气-水-固硫多相流时：

$$\left(\rho_{\mathrm{m}} c_{\mathrm{pm}} \right)_{\mathrm{f}} = \left(\rho c \right)_{\mathrm{g}} \beta_{\mathrm{g}} + \left(\rho c \right)_{\mathrm{s}} \beta_{\mathrm{s}} + \left(\rho c \right)_{\mathrm{w}} \beta_{\mathrm{w}} \tag{5-50}$$

式中，β_{g}、β_{ls}、β_{s}、β_{w}——分别为单位体积含气率、含液硫率、含固硫率、含水率。

5. 与经典模型对比

本书与 Hasan&Kabir 模型（H&K 模型）的主要区别在于，H&K 模型认为油管至井壁区域是稳态，且没有考虑硫垢和液膜对传热的影响。井筒至地层部分的散热量可表示为

$$\frac{\mathrm{d}q}{\mathrm{d}z} = -\frac{2\pi r_{\mathrm{to}} R_{\mathrm{j}}}{W}(T_{\mathrm{f}} - T_{\mathrm{wb}}) \tag{5-51}$$

式中，T_{wb}——井筒与地层交界处的温度。

通过该式可以看出，H&K 模型并没有考虑时间对散热的影响，因此建立偏微分方程如下：

$$\frac{\partial^2 T_{\mathrm{e}}}{\partial r^2} + \frac{1}{r}\frac{\partial T_{\mathrm{e}}}{\partial r} = \frac{(\rho c)_{\mathrm{e}}}{\lambda_{\mathrm{e}}}\frac{\partial T_{\mathrm{e}}}{\partial \tau} \tag{5-52}$$

初始条件：

$$\lim_{t \to 0} T_{\mathrm{e}} = T_{\mathrm{ei}} \tag{5-53}$$

内边界条件：

$$\frac{\mathrm{d}q}{\mathrm{d}z} = -\frac{2\pi \lambda_{\mathrm{e}}}{W} \left. \frac{r \partial T_{\mathrm{e}}}{\partial r} \right|_{r = r_{\mathrm{h}}} \tag{5-54}$$

外边界条件：

$$\lim_{r \to \infty} \frac{\partial T_{\mathrm{e}}}{\partial r} = 0 \tag{5-55}$$

在模型的假设条件上，本书模型和 H&K 模型的区别不大，因此选取本书模型的推导方法得到温度的解析解为

$$T_{\mathrm{D}} = 1.1281\sqrt{t_{\mathrm{D}}}\left(1 - 0.3\sqrt{t_{\mathrm{D}}}\right) \qquad (10^{-10} \leqslant t_{\mathrm{D}} \leqslant 1.5) \tag{5-56}$$

$$T_{\mathrm{D}} = (0.4063 + 0.5\ln t_{\mathrm{D}})\left(1 + \frac{0.6}{t_{\mathrm{D}}}\right) \qquad (t_{\mathrm{D}} > 1.5) \tag{5-57}$$

地层中的热损失量为

$$\frac{\mathrm{d}q}{\mathrm{d}z} = -\frac{2\pi \lambda_{\mathrm{e}}}{W T_{\mathrm{D}}}\left(T_{\mathrm{wb}} - T_{\mathrm{ei}}\right) \tag{5-58}$$

联立式(4-51)与式(4-58)，可得

$$\frac{\mathrm{d}q}{\mathrm{d}z} = -\frac{2\pi}{W}\left(\frac{r_{\mathrm{to}}R_{\mathrm{j}}\lambda_{\mathrm{e}}}{\lambda_{\mathrm{e}} + T_{\mathrm{D}}r_{\mathrm{to}}R_{\mathrm{j}}}\right)(T_{\mathrm{f}} - T_{\mathrm{ei}}) \tag{5-59}$$

由前文分析可知，本书模型同 H&K 模型的区别主要体现在：散热量的计算是否考虑时间因素以及总传热系数的形式。其具体区别如表 5-1 所示。选取刚开井的一段时间，应用本书模型和 H&K 模型分别计算散热量，计算结果如图 5-3 所示。

表 5-1　两种模型的区别

本书模型	$\dfrac{\mathrm{d}q}{\mathrm{d}z} = \dfrac{-2\pi U_{\mathrm{to}}\left(T_{1,\mathrm{j}} - T_{\mathrm{eij}}\right)}{WT_{1\mathrm{D}}}$	$U_{\mathrm{to}} = \left(R_{\mathrm{j}} + \dfrac{r_{\mathrm{to}}\ln\dfrac{r_{\mathrm{ti}}}{r_{\mathrm{ti}} - \Delta r}}{\lambda_{\mathrm{s}}} + \dfrac{r_{\mathrm{to}}\ln\dfrac{r_{\mathrm{ti}}}{r_{\mathrm{ti}} - \Delta r_{\mathrm{w}}}}{\lambda_{\mathrm{w}}}\right)^{-1}$
H&K 模型	$\dfrac{\mathrm{d}q}{\mathrm{d}z} = -\dfrac{2\pi}{W}\left(\dfrac{r_{\mathrm{to}}U_{\mathrm{to}}\lambda_{\mathrm{e}}}{k_{\mathrm{e}} + T_{\mathrm{D}}r_{\mathrm{to}}U_{\mathrm{to}}}\right)(T_{\mathrm{f}} - T_{\mathrm{ei}})$	$U_{\mathrm{to}} = R_{\mathrm{j}}^{-1}$

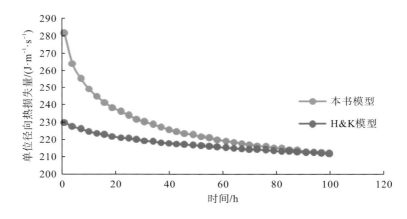

图 5-3　不同模型散热量对比

从图 5-3 可以看出，本书模型同 H&K 模型相比，在开井的初期热损失量存在较大差异，而随着生产时间的推进差异逐渐较小至趋于一致。这是因为，流体在各个界面和介质之间的传热并不是一个稳定的过程，由于不同材料的热扩散系数存在差别，并且生产初期整个生产系统的温度并不稳定，所以流体在开井初期散热量很大，但是当流体不断地将热量传递给周围介质和地层时，两者之间的温差也不断地缩小，其散热量也会越来越小。本书在考虑了时间对传热的影响之后，在偏微分方程中加入了时间参数，准确地预测了开井初期流体向地层的散热能力，也可以精确地描述散热量随时间的动态变化规律，结合井口油温的生产资料，认为本书模型更符合生产实际。

5.1.3　井筒内流体热力学平衡方程

取单元体对纵向上流体的热平衡进行分析，如图 5-4 所示。目前我国的高含硫气井产量均很大且产量很稳定，同时由于硫颗粒和水在流体中的相互作用，本书在建立热力学平衡方程时做如下假设：①井筒中沿井口方向划分若干单元体，单元段内的任意一点的温度、压力及物性参数相等；②由于气井产量大且产量稳定，考虑井筒中的流体为单向稳定流动；③考虑井筒内复杂的相态变化对热力学性质的影响。

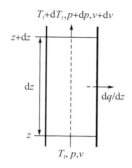

图 5-4　井筒内的传热单元体

流体的焓值是流体所具有的总热量。根据能量守恒定律，当井筒向地层散热和对外做功时会导致流体温度下降，因此：

$$\frac{\mathrm{d}h}{\mathrm{d}z}=\frac{1}{W}\frac{\mathrm{d}q}{\mathrm{d}z}-\frac{v_{\mathrm{m}}\mathrm{d}v}{\mathrm{d}z}-g\sin\theta+\frac{fv_{\mathrm{m}}^{2}}{2d} \tag{5-60}$$

式中，h——流体比焓，$\mathrm{J\cdot kg^{-1}}$；

　　　f——摩阻系数；

　　　W——总流体质量流量，$\mathrm{kg\cdot s^{-1}}$。

比热与焦耳-汤姆逊系数的关系如下：

$$\mathrm{d}h=\left(\frac{\partial h}{\partial T}\right)_{p}\mathrm{d}T+\left(\frac{\partial h}{\partial p}\right)_{T}\mathrm{d}p \tag{5-61}$$

$$c_{\mathrm{pm}}=\left(\frac{\partial h}{\partial T}\right)_{p} \tag{5-62}$$

$$\alpha_{\mathrm{H}}=\left(\frac{\partial T}{\partial p}\right)_{h}=-\frac{(\partial h/\partial p)_{T}}{(\partial h/\partial T)_{p}}=-\frac{1}{c_{\mathrm{pm}}}\left(\frac{\partial h}{\partial p}\right)_{T} \tag{5-63}$$

因此得到井筒温度模型：

$$\frac{\mathrm{d}T_{\mathrm{f}}}{\mathrm{d}z}=\frac{1}{c_{\mathrm{pm}}}\left(\frac{1}{W}\frac{\mathrm{d}q}{\mathrm{d}z}-\frac{v_{\mathrm{m}}\mathrm{d}v}{\mathrm{d}z}-g\sin\theta+\frac{fv_{\mathrm{m}}^{2}}{2d\mathrm{d}z}\right)+\alpha_{\mathrm{H}}\frac{\mathrm{d}p}{\mathrm{d}z} \tag{5-64}$$

5.1.4　井筒非稳态温度模型

井筒的非稳态温度模型同样遵循能量守恒定律，通过 5.1.1 节～5.1.3 节可以求出温度模型计算所需的散热量，再将其代入到式(5-64)中，将求得的散热量代入流体热力学模型即可得到井筒非稳态温度剖面的模型。

井筒温度模型：

$$\frac{dT_f}{dz} = \frac{1}{c_{pm}}\left[-\frac{2\pi U_{to}}{WT_{1D}}\left(T_1 - T_{ei}\right) - \frac{v_m dv}{dz} - g_T \sin\theta + \frac{fv_m^2}{2d dz}\right] + \alpha_H \frac{dp}{dz} \tag{5-65}$$

$$T_{ei} = T_{bh,ei} - g_T z \tag{5-66}$$

式中，$T_{bh,ei}$——地层初始温度，℃；

g_T——地温梯度，℃·m^{-1}。

为简化方程引入松弛距离 A 和 ϕ，得

$$\frac{dT_f}{dz} = \frac{T_{ei} - T_f}{A} - \frac{vdv}{c_{pm} dz} + \phi + \frac{fv_m^2}{2d c_{pm} dz} \tag{5-67}$$

$$A = \frac{WT_{1D}c_{pm}}{2\pi\left(R_j + \dfrac{r_{to}\ln\dfrac{r_{ti}}{r_{ti}-\Delta r}}{\lambda_s} + \dfrac{r_{to}\ln\dfrac{r_{ti}}{r_{ti}-\Delta r_w}}{\lambda_w}\right)^{-1}} \tag{5-68}$$

$$\phi = -\frac{v_m dv}{c_{pm} dz} + \alpha_H \frac{dp}{dz} \tag{5-69}$$

由于温度是井筒深度的函数，所以不同井段中的流体向地层的散热量不同，若想计算整个井筒剖面的温度，应该在每一个位置处分别计算该点的散热量并求得该点的温度。因此采用数学中"微元"法的思想，将井筒由下至上分成若干个单元体，于是可以根据地层温度最先求得最下方的单元体的入口温度，根据该值求得最下方单元体的出口温度并将其作为下一个单元段的入口温度，依此类推计算整个剖面温度：

$$T_{f,out} = T_{ei,out} + \exp\left(\frac{z_{in} - z_{out}}{A}\right)\cdot\left(T_{f,in} - T_{ei,in}\right) + A\left[1 - \exp\left(\frac{z_{in} - z_{out}}{A}\right)\right]$$

$$\times\left(-\frac{g\sin\theta}{c_{pm}} + \phi + g_T\sin\theta + \frac{fv_m^2}{2d c_{pm}}\right) \tag{5-70}$$

式中，$T_{ei,out}$、$T_{f,out}$——单元体入口、出口温度，℃。

5.2　高含硫气井井筒压力模型

在高含硫气井中，气井产水后井筒内流体的流动状态可能为气-水、气-液硫-水以及气-固硫-水等多相流。压降方程的核心计算步骤是计算混合流体的流速、摩阻系数等参数。

在单相流的基本方程中已经给出了计算井筒压降的基本思路和方程,当井筒中发生一系列的相态变化(包括气井出水和析出硫单质)后,压降方程应变为对多相流压降的计算,而多相流压降计算的关键步骤在于修正相关的参数等。因此本书先建立单相流压降方程。

5.2.1　单相流压降方程

与建立井筒温度模型的假设类似,当气井产量较大且产量稳定时,将气体的流动考虑成一维、稳定问题,如图 5-5 所示。

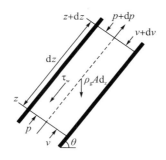

图 5-5　井筒内流动分析

在每一个单元体内流动时,流体可能会发生体积的变化但不会发生质量变化,由此可知:

$$\frac{\mathrm{d}(\rho \upsilon A)}{\mathrm{d}z} = 0 \tag{5-71}$$

流体动能的改变是由于流体本身所受的外力产生的,外力作用使流体产生加速度,改变流体的流速,进而改变流体的动能:

$$\sum F_z = \rho A \mathrm{d}z \frac{\mathrm{d}v}{\mathrm{d}t} \tag{5-72}$$

式中,　A——横截面积,m^2;

　　　$\mathrm{d}v/\mathrm{d}t$——加速度,$\mathrm{m \cdot s^{-2}}$。

析出的硫单质在垂直方向上首先受到自身的重力作用,在垂直井中重力沿井深方向的分力即为重力的大小,当井斜角发生变化时,其分力沿井筒方向的分力为:$-\rho g A \mathrm{d}z \sin \theta$。其次,由于井筒管壁粗糙不平流体在其中运动会产生摩擦阻力:$-\tau_{\mathrm{w}} \pi d \mathrm{d}z$。最后,由于向上运动的流体在管段内的上部和下部压强存在差值,因此由于压力差产生的外力为:$pA - (p + \mathrm{d}p)A = -A\mathrm{d}p$。

由三个部分的分力得到单相流压降方程为

$$-\frac{\mathrm{d}p}{\mathrm{d}z} = \rho g \sin \theta + \frac{\tau_{\mathrm{w}} \pi d \mathrm{d}z}{A} - \rho v \frac{\mathrm{d}v}{\mathrm{d}z} \tag{5-73}$$

式中,　d——管柱直径,m。

在上述的几部分压降中,摩擦压降受摩擦系数的影响,而摩擦系数是涉及井筒流体性质、壁面材料的一个参数，当井筒材料改变、流体性质发生变化时摩擦系数会发生变化。

$$\tau_{\mathrm{f}} = \frac{\tau_{\mathrm{w}} \pi d}{A} = f \frac{\rho v^2}{2d} \tag{5-74}$$

$$-\frac{\mathrm{d}p}{\mathrm{d}z} = \rho g \sin\theta + f \frac{\rho v^2}{2d} - \rho v \frac{\mathrm{d}v}{\mathrm{d}z} \tag{5-75}$$

整体的压降包括三个部分：重力、摩阻和动能压降。当井筒流体为多相流时，修正物性参数：

$$\begin{cases} \rho = \rho_{\mathrm{m}} \\ v = v_{\mathrm{m}} \\ f = f_{\mathrm{m}} \end{cases} \tag{5-76}$$

5.2.2　多相流管流流型

在油气井投入生产之后，流体的流动属于上升同向流动，在高含硫气田的开发过程中，垂直井、水平井和斜度井均应用广泛，因此需要分别研究其流型特点。当气井产量较大时，将井筒中的固相和液相视为均一混相。

1. 垂直管流

混合流体同向上升流动的基本流型可以分为：泡状流、段塞流、过渡流、搅动流和环雾流五种。

1）泡状流

管路内液体混相为连续介质，气体以小气泡的形式充分均匀地分布在液体混相中。

2）段塞流

气体流量大，小气泡在流动过程中聚集在一起，在管路中占据较大空间。

3）过渡流、搅动流

当气体流速继续增大，大量气体聚集后与液固混合段塞之间不能稳定维持。

4）环雾流

气体的流量远远大于混相流量，混相中液体呈薄膜状态在管壁上流动，极少数微小液滴和硫颗粒夹杂在气流之中，呈现雾状特征。

2. 水平管流

流型基本可分为：泡状流、塞状流、分层流、波状流、弹状流、搅混流、环雾流。其基本特征类似于垂直管流中的流型特征。

3. 垂直管流流型判断准则

流型的流动特征是根据宏观现象进行划分的，但是在实际生产和计算时，流型的变化比较复杂，且一般情况下无法直接观察井筒中的流型，进而计算井筒中的压降，因此根据 Hasan 和 Kabir(1986，1991，1994)对流型的定量判断作为本书流型判断的基础。该准则是在大量实验数据的基础上得出的经验公式，具有一定的判断价值。

1) 泡状流

$$v_g \leqslant 0.429v_h + 0.357v_{0\infty} \tag{5-77}$$

$$D \geqslant 19.01\sqrt{\frac{\sigma}{g(\rho_h - \rho_g)}} \tag{5-78}$$

式中，v_g——气相表观速度，m·s^{-1}；

$v_{0\infty}$——泰勒气泡上升速度，m·s^{-1}；

ρ_h——液相密度，kg·m^{-3}；

ρ_g——气相密度，kg·m^{-3}；

D——管柱直径，m。

2) 分散泡流

$$v_g \leqslant 1.08v_h \tag{5-79}$$

$$2\left[0.4\frac{\sigma}{g(\rho_h - \rho_g)}\right]^{0.5}\left(\frac{\rho_h}{\sigma}\right)\left(\frac{2f}{D}\right)v_m^{1.2} \geqslant 0.725 + 4.15\left(\frac{v_h}{v_m}\right) \tag{5-80}$$

式中，v_h——液相表观速度，m·s^{-1}；

v_m——混相液体表观速度，m·s^{-1}。

3) 段塞流

$$v_g \geqslant 0.429v_h + 0.357v_{0\infty} \tag{5-81}$$

$$v_g \geqslant 1.08v_h \tag{5-82}$$

$$0.058\left\{2\left[0.4\frac{\sigma}{g(\rho_h - \rho_g)}\right]^{0.5}\left(\frac{\rho_h}{\sigma}\right)^{0.6}\left(\frac{2fv_m^3}{D}\right) - 0.725\right\}^2 \leqslant 0.52 \tag{5-83}$$

4) 搅动流

$$0.058\left\{2\left[0.4\frac{\sigma}{g(\rho_h - \rho_g)}\right]^{0.5}\left(\frac{\rho_h}{\sigma}\right)^{0.6}\left(\frac{2fv_m^3}{D}\right) - 0.725\right\}^2 \geqslant 0.52 \tag{5-84}$$

$$v_{\mathrm{g}} \leqslant 3.1\left[\frac{g\sigma\left(\rho_{\mathrm{h}}-\rho_{\mathrm{g}}\right)}{\rho_{\mathrm{g}}^{2}}\right]^{0.25} \tag{5-85}$$

5）环雾流

$$v_{\mathrm{g}}>3.1\left[\frac{g\sigma\left(\rho_{\mathrm{h}}-\rho_{\mathrm{g}}\right)}{\rho_{\mathrm{g}}^{2}}\right]^{0.25} \tag{5-86}$$

其中，

$$v_{0\infty}=1.53\left[\frac{g\sigma\left(\rho_{\mathrm{h}}-\rho_{\mathrm{g}}\right)}{\rho_{\mathrm{g}}^{2}}\right]^{0.25} \tag{5-87}$$

4. 水平管管流流型判断准则

1）分层流到间歇流转换

$$\frac{v_{\mathrm{g}}}{\sqrt{gD}} \leqslant 0.25\left(\frac{v_{\mathrm{g}}}{v_{\mathrm{h}}}\right)^{1.1} \tag{5-88}$$

2）环雾流到环状流转换

$$1.9\left(\frac{v_{\mathrm{g}}}{v_{\mathrm{h}}}\right)^{1/8}=\left[\frac{v_{\mathrm{g}}\rho_{\mathrm{g}}^{0.5}}{\left[\left(\rho_{\mathrm{h}}-\rho_{\mathrm{g}}\right)g\sigma\right]^{0.25}}\right]^{0.2}\left(\frac{v_{\mathrm{g}}^{2}}{gD}\right)^{0.18} \tag{5-89}$$

3）分散泡流到泡状流转换

$$\left[\frac{\left(\mathrm{d}p/\mathrm{d}x\right)_{\mathrm{h}}}{\left(\rho_{\mathrm{h}}-\rho_{\mathrm{g}}\right)g}\right]^{0.2}\left[\frac{\sigma}{\left(\rho_{\mathrm{h}}-\rho_{\mathrm{g}}\right)gD^{2}}\right]^{0.25}=9.7 \tag{5-90}$$

4）光滑分层流到波状分层流转换

$$\left[\frac{\sigma}{\left(\rho_{\mathrm{h}}-\rho_{\mathrm{g}}\right)gD^{2}}\right]^{0.2}\left(\frac{Dv_{\mathrm{g}}\rho_{\mathrm{g}}}{\mu_{\mathrm{g}}}\right)^{0.45}=8\left(\frac{v_{\mathrm{g}}}{v_{\mathrm{h}}}\right)^{0.16} \tag{5-91}$$

在气井井筒中，若混相流量较低即产水量和持固率较低，当其在井筒中流动时一般以环雾流的状态存在。

5. 管流混合流体参数计算

针对高含硫气井高产气量、低产水量的特点，将水和硫单质（硫液滴或硫颗粒）考虑为均一混相。以下计算是校正混相流体物性参数的基础。

1) 体积流量

单位时间内通过流道内过流断面的流体体积：

$$Q_m = Q_g + Q_h \qquad (5\text{-}92)$$

$$Q_h = Q_l + Q_s \qquad (5\text{-}93)$$

$$Q_s = (C_o - C_s) Q_g \times 10^{-3} \qquad (5\text{-}94)$$

式中，Q_m、Q_g、Q_h、Q_l、Q_s——混合流体、气体、混相、液相和硫的体积流量，$m^3 \cdot s^{-1}$；

C_o、C_s——初始、瞬时硫溶解度，$g \cdot m^{-3}$。

2) 流速

气相表观速度：

$$v_g = \frac{Q_g}{A} \qquad (5\text{-}95)$$

式中，v_g——气相表观速度，$m \cdot s^{-1}$；

A——经过流体断面的面积，m^2。

混相表观速度：

$$v_h = \frac{Q_h}{A} \qquad (5\text{-}96)$$

$$v_s = \frac{Q_s}{A} \qquad (5\text{-}97)$$

$$v_l = \frac{Q_l}{A} \qquad (5\text{-}98)$$

式中，v_h、v_s、v_l——气相、固相、液相表观速度，$m \cdot s^{-1}$。

混合流体流速：

$$v_m = \frac{Q_m}{A} \qquad (4\text{-}99)$$

式中，v_m——混合流体流速，$m \cdot s^{-1}$。

3) 体积含气率、含液率、含硫率

体积含气率指单位时间内通过过流断面的气相介质体积占总体积的比例。体积含液率、体积含硫率定义相似。

$$\beta_g = \frac{Q_g}{Q} = \frac{Q_g}{Q_g + Q_l + Q_s} \qquad (5\text{-}100)$$

$$\beta_l = \frac{Q_l}{Q} = \frac{Q_l}{Q_g + Q_l + Q_s} \qquad (5\text{-}101)$$

$$\beta_s = \frac{Q_s}{Q} = \frac{Q_s}{Q_g + Q_l + Q_s} \qquad (5\text{-}102)$$

式中，β_g、β_l、β_s——体积含气率、含液率、含硫率，无量纲。

4）混合密度

$$\rho_{\mathrm{m}} = \frac{m}{Q} = \rho_{\mathrm{g}}\beta_{\mathrm{g}} + \rho_{\mathrm{l}}\beta_{\mathrm{l}} + \rho_{\mathrm{s}}\beta_{\mathrm{s}} \tag{5-103}$$

$$\rho_{\mathrm{c}} = \rho_{\mathrm{g}}(1 - H_{\mathrm{h}}) \tag{5-104}$$

$$\rho_{\mathrm{h}} = \left[H_{\mathrm{lh}}\rho_{\mathrm{w}} + \rho_{\mathrm{g}}(1 - H_{\mathrm{lh}}) \right] H_{\mathrm{h}}$$
$$H_{\mathrm{lh}} = 4\Delta r_{\mathrm{h}}'(1 - \Delta r_{\mathrm{h}}') \tag{5-105}$$

式中，ρ_{m}、ρ_{c}——混合流体、气芯密度，$\mathrm{kg \cdot m^{-3}}$；

　　　　ρ_{h}——混相液膜等效密度，$\mathrm{kg \cdot m^{-3}}$；

　　　　H_{h}、H_{lh}——气芯和液膜中的持液率，无量纲；

　　　　$\Delta r_{\mathrm{h}}'$——液膜无量纲厚度，无量纲。

5）混相黏度

$$\mu_{\mathrm{h}} = \mu_{\mathrm{w}}\beta_{\mathrm{l}} + \mu_{\mathrm{s}}\beta_{\mathrm{s}} \tag{5-106}$$

式中，μ_{h}——混相黏度，$\mathrm{Pa \cdot s}$。

6）轴向雾流中混相的体积含量

$$\frac{F_{\mathrm{E}} / F_{\mathrm{E,MAX}}}{(1 - F_{\mathrm{E}}) / F_{\mathrm{E,MAX}}} = 6 \times 10^{-5} \left[\left(v_{\mathrm{g}} - 40\sqrt{\sigma / (D\rho_{\mathrm{h}}\rho_{\mathrm{g}})} \right) / \sigma \right] \tag{5-107}$$

$$F_{\mathrm{E,MAX}} = 1 - 0.25\mu_{\mathrm{h}}\pi D \left(7.3(\lg\omega)^3 + 44.2(\lg\omega)^2 - 263(\lg\omega) + 439 \right) / Q_{\mathrm{h}}\rho_{\mathrm{h}} \tag{5-108}$$

$$\omega = (\mu_{\mathrm{h}} / \mu_{\mathrm{g}})\sqrt{\rho_{\mathrm{g}} / \rho_{\mathrm{h}}} \tag{5-109}$$

式中，F_{E}——轴向雾流中混相的体积含量，无因次。

7）混相持液率

将混相流体考虑成稳定流动的液膜，持液率计算如下：

$$H_{\mathrm{h}} = \frac{F_{\mathrm{E}}v_{\mathrm{h}}}{v_{\mathrm{g}} + F_{\mathrm{E}}v_{\mathrm{h}}} \tag{5-110}$$

5.2.3　垂直井与斜度井多相流压力模型

当井筒内由于温度的变化析出硫单质后，认为析出的硫呈颗粒或液滴状态（根据井筒所处的温度判断），因此井筒中会出现多相流流动。

多相流压力的计算方法类似于单相流压降公式，但是相关的物性参数需要修正以适用于多相流的压降计算。当井筒中产水且呈环雾流流动时，将压降分为气芯的压降和液膜的压降两部分。修正相关参数：首先，压降公式中所包含的三个部分的压降计算式均涉及流体密度；其次，混合流体中各项流体的速度存在差异，会导致动能、摩擦压降发生变化；最后，由于井筒中产气量较大而产水量较小时，液体以液膜的形式存在于井壁周围，同时硫垢的形成均会改变井壁的粗糙程度和摩阻系数，进而影响摩阻压降。因此，本书将流体压降分为液膜和气芯两部分压降，并根据液膜和气芯分别修正密度、速度及摩阻系数等参数。

多相流的气芯压力梯度公式为

$$-\frac{\mathrm{d}p_\mathrm{c}}{\mathrm{d}z} = \rho_\mathrm{c}g\sin\theta + \frac{\tau_\mathrm{c}S_\mathrm{c}}{A_\mathrm{c}} - \rho_\mathrm{c}v_\mathrm{g}\frac{\mathrm{d}v_\mathrm{g}}{\mathrm{d}z} \tag{5-111}$$

混相液膜压力梯度公式为

$$-\frac{\mathrm{d}p_\mathrm{h}}{\mathrm{d}z} = \rho_\mathrm{h}g\sin\theta + \frac{\tau_\mathrm{c}S_\mathrm{c} - \tau_\mathrm{h}S_\mathrm{h}}{A_\mathrm{h}} - \rho_\mathrm{h}v_\mathrm{h}\frac{\mathrm{d}v_\mathrm{h}}{\mathrm{d}z} \tag{5-112}$$

无量纲液膜厚度的显式计算方法为

$$\frac{\Delta r_\mathrm{h}'}{D} = \frac{6.59F}{(1+1400F)^{0.5}} \tag{5-113}$$

式中，$\Delta r_\mathrm{h}'$——液膜无量纲厚度。

其中，

$$F = \frac{\gamma(Re_\mathrm{h})}{Re_\mathrm{c}^{0.9}}\frac{\mu_\mathrm{h}}{\mu_\mathrm{c}}\left(\frac{\rho_\mathrm{c}}{\rho_\mathrm{h}}\right)^{0.5} \tag{5-114}$$

$$\gamma(Re_\mathrm{h}) = \left[\left(0.707Re_\mathrm{h}^{0.5}\right)^{2.5} + \left(0.0379Re_\mathrm{h}^{0.9}\right)^{2.5}\right]^{0.4} \tag{5-115}$$

$$Re_\mathrm{c} = \frac{\rho_\mathrm{c}v_\mathrm{g}D}{\mu_\mathrm{c}} \tag{5-116}$$

$$Re_\mathrm{h} = \frac{\rho_\mathrm{h}v_\mathrm{h}(1-F_E)D}{\mu_\mathrm{h}} \tag{5-117}$$

其中，τ_h 为混相液膜与井筒接触面的剪切应力：

$$\tau_\mathrm{h} = \frac{D}{4}\frac{(1-F_E)^2}{\left[4\Delta r_\mathrm{h}'(1-\Delta r_\mathrm{h}')^2\right]}\frac{f_\mathrm{h}}{f_\mathrm{sh}}f_\mathrm{sh}\rho_\mathrm{h}\frac{v_\mathrm{h}^2}{2D} \tag{5-118}$$

$$\frac{1}{\sqrt{f_\mathrm{h}}} = 1.14 - 2\lg\left(\frac{e}{D} + \frac{\Delta r}{D} + \frac{21.25}{N_{Re_\mathrm{h}}^{0.9}}\right) \tag{5-119}$$

$$N_{Re_\mathrm{h}} = \frac{\rho_\mathrm{h}v_\mathrm{h}D}{\mu_\mathrm{h}} \tag{5-120}$$

式中，e——绝对粗糙度，m；

N_{Re_h}——液相雷诺数；

Δr——硫垢粗糙度，m。

在式(5-118)～式(5-120)中，考虑了井筒中硫垢形成后对井筒壁面粗糙度的影响，从而修正了硫垢形成对摩阻系数的影响。e/D 值可按下式进行计算。

当 $N_\mathrm{h} \leqslant 0.05$ 时：

$$\frac{e}{D}=\frac{34\sigma}{\rho_{\mathrm{h}}v_{\mathrm{h}}^{2}D} \tag{5-121}$$

当 $N_{\mathrm{h}}<0.05$ 时：

$$\frac{e}{D}=\frac{174.8\sigma N_{Re_{\mathrm{h}}}^{0.302}}{\rho_{\mathrm{h}}v_{\mathrm{h}}^{2}D} \tag{5-122}$$

τ_{c} 为气芯与液膜的剪切应力：

$$\tau_{\mathrm{c}}=\frac{D}{4}\frac{1}{\left(1-\Delta r_{\mathrm{h}}'\right)^{2}}\frac{f_{\mathrm{c}}}{f_{\mathrm{sc}}}f_{\mathrm{sc}}\rho_{\mathrm{c}}\frac{v_{\mathrm{g}}^{2}}{2D} \tag{5-123}$$

$$\frac{1}{\sqrt{f_{\mathrm{c}}}}=1.14-2\lg\left(0.0009+\frac{21.25}{N_{Re_{\mathrm{c}}}^{0.9}}\right) \tag{5-124}$$

$$N_{Re_{\mathrm{c}}}=\frac{\rho_{\mathrm{c}}v_{\mathrm{c}}D}{\mu_{\mathrm{c}}} \tag{5-125}$$

式中，$N_{Re_{\mathrm{c}}}$——气相雷诺数；

f_{sh}、f_{sc}——液膜和气芯的折算摩阻系数，无因次。

当液膜系数较小时，气芯和液膜间的 z 采用 Wallis 相关式计算，即

$$z=\frac{f_{\mathrm{c}}}{f_{\mathrm{sc}}}=1+300\Delta r_{\mathrm{h}}' \tag{5-126}$$

代入式(5-111)、式(5-112)即可求得两部分的压降为

$$-\frac{\mathrm{d}p_{\mathrm{c}}}{\mathrm{d}z}=\rho_{\mathrm{c}}g\sin\theta+\frac{z}{\left(1-2\Delta r_{\mathrm{h}}'\right)^{5}}f_{\mathrm{sc}}\rho_{\mathrm{c}}\frac{v_{\mathrm{g}}^{2}}{2D}-\rho_{\mathrm{c}}v_{\mathrm{g}}\frac{\mathrm{d}v_{\mathrm{g}}}{\mathrm{d}z} \tag{5-127}$$

$$-\frac{\mathrm{d}p_{\mathrm{h}}}{\mathrm{d}z}=\rho_{\mathrm{h}}g\sin\theta+\left(\begin{array}{c}\dfrac{\left(1-F_{E}\right)^{2}}{64\Delta r_{\mathrm{h}}'^{3}\left(1-\Delta r_{\mathrm{h}}'\right)^{3}}\dfrac{f_{\mathrm{h}}}{f_{\mathrm{sh}}}f_{\mathrm{sh}}\rho_{\mathrm{h}}\dfrac{v_{\mathrm{h}}^{2}}{2D}\\[2mm]-\dfrac{z}{4\Delta r_{\mathrm{h}}'\left(1-\Delta r_{\mathrm{h}}'\right)\left(1-2\Delta r_{\mathrm{h}}'\right)^{3}}f_{\mathrm{h}}\rho_{\mathrm{h}}\dfrac{v_{\mathrm{h}}^{2}}{2D}\end{array}\right)-\rho_{\mathrm{h}}v_{\mathrm{h}}\frac{\mathrm{d}v_{\mathrm{h}}}{\mathrm{d}z} \tag{5-128}$$

由于本书认为气井出水后呈环雾流，地层水和析出的硫单质形成稳定的液膜，因此将压降分为液膜压降和气芯压降两部分。同时，本书在井筒压降的计算中，考虑了硫垢的形成对摩阻系数的影响。本书的压降模型同常规压降模型的区别如表 5-2 所示。

表 5-2　本书压降模型和常规压降模型的区别

本书压降模型	$-\dfrac{\mathrm{d}p_{\mathrm{c}}}{\mathrm{d}z}=\rho_{\mathrm{c}}g\sin\theta+\dfrac{z}{\left(1-2\Delta r_{\mathrm{h}}'\right)^{5}}f_{\mathrm{sc}}\rho_{\mathrm{c}}\dfrac{v_{\mathrm{g}}^{2}}{2D}-\rho_{\mathrm{c}}v_{\mathrm{g}}\dfrac{\mathrm{d}v_{\mathrm{g}}}{\mathrm{d}z}$ $-\dfrac{\mathrm{d}p_{\mathrm{h}}}{\mathrm{d}z}=\rho_{\mathrm{h}}g\sin\theta+\left(\begin{array}{c}\dfrac{\left(1-F_{E}\right)^{2}}{64\Delta r_{\mathrm{h}}'^{3}\left(1-\Delta r_{\mathrm{h}}'\right)^{3}}f_{\mathrm{h}}\rho_{\mathrm{h}}\dfrac{v_{\mathrm{h}}^{2}}{2D}\\[2mm]-\dfrac{z}{4\Delta r_{\mathrm{h}}'\left(1-\Delta r_{\mathrm{h}}'\right)\left(1-2\Delta r_{\mathrm{h}}'\right)^{3}}f_{\mathrm{h}}\rho_{\mathrm{h}}\dfrac{v_{\mathrm{h}}^{2}}{2D}\end{array}\right)-\rho_{\mathrm{h}}v_{\mathrm{h}}\dfrac{\mathrm{d}v_{\mathrm{h}}}{\mathrm{d}z}$
常规压降模型	$-\dfrac{\mathrm{d}p}{\mathrm{d}z}=\rho g\sin\theta+f\dfrac{\rho v^{2}}{2d}-\rho v\dfrac{\mathrm{d}v}{\mathrm{d}z}$

若假定井口压力不变，通过式(5-128)分别计算当气井不产水、产水量为 $10m^3 \cdot d^{-1}$ 和 $20m^3 \cdot d^{-1}$ 时井筒的压力分布，如图 5-6 所示，不产生硫垢和硫垢厚度为 6mm 时的井筒压力分布如图 5-7 所示。

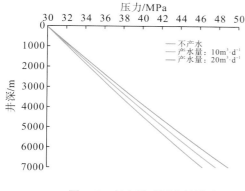

图 5-6　产水量对压力的影响

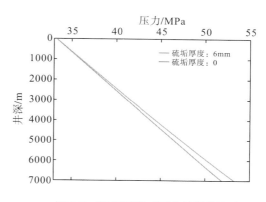

图 5-7　硫垢厚度对压力计算的影响

由图 5-6 可知，当气井产水后，一方面混合流体的密度增加，增大了整体的重力压降和动能压降；另一方面，由于混相液膜产生的摩擦压降均使得流体整体产生的压降增大，因此当产水量逐渐上升时，多相流体的压降增大(多相流体的压降即流体举升所需压差，其数值为井底流压和井口油压的差值，以下简称井筒压降)。

由图 5-7 可知，当气井发生硫沉积现象并形成硫垢至一定厚度时，井筒中的压降会增大，这是由于硫垢的形成不仅会改变井壁的粗糙度，增大流体与井筒的摩阻，增大由此产生的摩阻压降，而且会导致流体流通面积减小，增大流体流速从而增大井筒的动能压降。

5.2.4　水平井多相流压力模型

当流体处于环空雾状流时，可以得到混相和气相的动量方程：

$$A\frac{\mathrm{d}p_\mathrm{h}}{\mathrm{d}z} = \tau_\mathrm{h}L_\mathrm{m} - \tau_\mathrm{h}L_\mathrm{h} - 2\rho_\mathrm{h}Av_\mathrm{h}\frac{\mathrm{d}v_\mathrm{h}}{\mathrm{d}z} \tag{5-129}$$

$$A\frac{\mathrm{d}p_\mathrm{c}}{\mathrm{d}z} = -\tau_\mathrm{h}L_\mathrm{h} - 2\rho_\mathrm{c}Av_\mathrm{g}\frac{\mathrm{d}v_\mathrm{g}}{\mathrm{d}z} \tag{5-130}$$

式中，L_m、L_h——过流断面处混合流体、气相与井壁接触的周长，m。

式(5-129)、式(5-130)中 $\dfrac{\mathrm{d}v_\mathrm{h}}{\mathrm{d}z}$ 和 $\dfrac{\mathrm{d}v_\mathrm{g}}{\mathrm{d}z}$ 分别代表了在某一单元体内轴向上混相和气相的速度变化。由质量守恒可得，对于混相：

$$\rho_\mathrm{h}v_{\mathrm{h}i}A + \Delta z\rho_\mathrm{h}Q_{\mathrm{h}i} = \rho_\mathrm{h}v_{\mathrm{h}i-1}A + \Delta C \tag{5-131}$$

中间雾流存在混相流体，即混相在井壁周围与轴向雾流之间存在质量的传递(ΔC)：

$$\Delta C = \rho_\mathrm{h}F_{Ei-1}Av_{\mathrm{g}i-1} - \rho_\mathrm{h}F_{Ei}Av_{\mathrm{g}i} \tag{5-132}$$

整理可得该单元体压降为

$$\frac{\mathrm{d}p_{\mathrm{m}}}{\mathrm{d}z} = \frac{-\tau_{\mathrm{h}}L_{\mathrm{h}} - 2\rho_{\mathrm{h}}v_{\mathrm{h}}\left(q_{\mathrm{ih}} - \dfrac{F_{\mathrm{E}}}{1-F_{\mathrm{E}}}q_{\mathrm{ig}}\right) - 2\rho_{\mathrm{c}}v_{\mathrm{g}}\left(\dfrac{q_{\mathrm{ig}}}{1-F_{\mathrm{E}}}\right)}{A} \tag{5-133}$$

式中，q_{ig}、q_{ih}——单元体内气、混相的体积流量，$\mathrm{m}^3 \cdot \mathrm{s}^{-1}$。

根据 5.2.3 节的推导方法可求得水平井井筒的压降。在整个井段的计算过程中，水平井段产生的压降相对于直井段而言很小，水平井段的压降不超过 1kPa 时，可忽略不计。

5.3 高含硫气井井筒温度压力模型验证

以 YB 气田中的 A 井生产数据和气体组成为例进行分析。井身结构如图 5-8 所示，井身数据、组分模型及生产数据如表 5-3～表 5-6 所示(表 5-6 生产数据为最近一个月的生产记录，而非全部数据)。

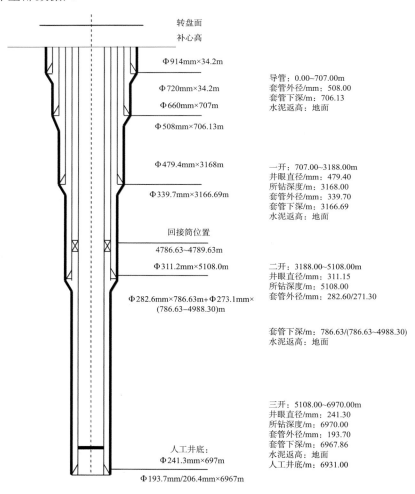

图 5-8 YB-A 井井身结构示意图

表 5-3　井身数据

测量井深/m	水平位移/m	实际水平位移/m	井段/m	全角变化率/[(°)/30m]	实际最大全角变化率/[(°)/30m]
3000	≤80	65.02	≤3000	≤1.75	1.52
4000	≤120	82.85	≤4000	≤2.25	1.75
5000	≤160	74.47	≤5000	≤2.75	2.00
6000	≤200	49.93	≤6000	≤3.25	0.67
6930	≤240	45.15	>6000	≤3.50	2.11

表 5-4　传热参数

参数	数值	参数	数值
地层导热系数/(W·m^{-1}·K^{-1})	1.72	水泥环密度/(kg·m^{-3})	2500
地层热容/(J·m^{-3}·K^{-1})	1089	水泥环热容/(J·m^{-3}·K^{-1})	880.2

表 5-5　气体组成(%)

CH$_4$	C$_2$H$_6$	H$_2$	C$_{3+}$	H$_2$S	CO$_2$	N$_2$	He
89.7	0.04	0.24	0	10.3	4.86	0.34	0.01

表 5-6　生产数据

生产时间/h	井口油温/℃	井口油压/MPa	日产气量/(10^{4}m^3)	日产水量/m^3	日水气比/[m^3·(10^{4}m^3)$^{-1}$]
24	71.6	26.59	54.6121	8.04	0.15
24	70.9	26.59	54.7054	8.23	0.15
24	71.2	26.56	54.6899	8.24	0.15
24	70.7	26.55	54.5021	8.15	0.15
24	70.2	26.55	54.5821	8.36	0.15
24	65.3	26.53	54.8321	7.86	0.14
24	67.4	26.53	54.8553	7.81	0.14
24	67.9	26.52	54.8667	7.91	0.14
24	71.9	26.52	54.8700	7.81	0.14
24	72.8	26.5	54.8623	8.33	0.15
24	72.8	26.49	54.8402	8.10	0.15
24	71.4	26.48	54.8377	8.10	0.15
24	72.3	26.48	54.8143	8.06	0.15
24	72.6	26.46	54.8122	8.06	0.15
24	72.1	26.45	54.8157	8.07	0.15
24	71.8	26.46	54.8069	7.95	0.15
24	68.7	26.45	54.8156	8.04	0.15
24	65.4	26.44	54.8200	7.79	0.14
24	65.4	26.43	54.8124	8.07	0.15
24	72.2	26.42	54.8230	8.26	0.15

生产时间/h	井口油温/℃	井口油压/MPa	日产气量/(10^4m^3)	日产水量/m^3	日水气比/[$m^3 \cdot (10^4m^3)^{-1}$]
24	72.9	26.42	54.8411	8.33	0.15
24	71.1	26.42	54.8367	7.63	0.14
24	70.3	26.41	54.8154	7.51	0.14
24	73	26.4	54.8263	7.58	0.14
24	72.2	26.39	54.8447	7.37	0.13
24	72.5	26.38	54.8503	7.63	0.14
24	72	26.37	54.8403	7.36	0.13
24	71.8	26.35	54.8103	7.60	0.14
24	72.4	26.35	54.8001	7.71	0.14
24	72.6	26.33	54.7613	8.18	0.15
24	72.7	26.32	54.7682	8.15	0.15

5.3.1 本书模型与 Pipesim 计算和 H&K 模型的对比

工程中对温度、压力的预测计算一般是通过 Pipesim 计算来实现的，本书在用 Pipesim 计算作比较时选用的描述流体的模型是组分模型，并将表 5-3～表 5-6 的数据输入到 Pipesim 计算中得到计算结果。

应用本书模型和 Pipesim 计算得到的温度结果如表 5-7 所示。

表 5-7 计算结果对比

井深	本书模型 (10h)/℃	本书模型 (16h)/℃	本书模型 (32h)/℃	Pipesim 计算/℃	H&K 计算/℃	实测值 (稳定后)/℃
50	43.02444	53.6981	73.28095	78.0085	76.43391	72.00224
200	46.24368	56.78663	75.9583	80.51229	78.99552	74.71247
350	49.45439	59.85972	78.61091	82.99352	81.53385	77.39834
500	52.65592	62.91654	81.23817	85.45162	84.0483	80.05916
650	55.8476	65.95626	83.83941	87.88598	86.53826	82.69428
800	59.02869	68.97801	86.41397	90.29599	89.0031	85.30301
950	62.19842	71.98086	88.96116	92.68103	91.44217	87.88462
1100	65.35596	74.96386	91.48029	95.04052	93.85481	90.43841
1250	68.50042	77.926	93.97063	97.37384	96.24046	92.96362
1400	71.63087	80.86623	96.43158	99.68021	98.59836	95.45956
1550	74.7463	83.78348	98.8623	101.9589	100.9277	97.92549
1700	77.84564	86.67658	101.262	104.2093	103.2279	100.3605
1850	80.92776	89.54436	103.6298	106.4306	105.498	102.7637
2000	83.99145	92.38556	105.965	108.6221	107.7374	105.9172
2150	87.03541	95.19895	108.2667	110.783	109.9452	108.2431
2300	90.05827	97.98324	110.5341	112.9125	112.1207	110.5342
2450	93.05857	100.7369	112.7662	115.0098	114.263	112.7898

续表

井深	本书模型 (10h)/℃	本书模型 (16h)/℃	本书模型 (32h)/℃	Pipesim 计算/℃	H&K 计算/℃	实测值 (稳定后)/℃
2600	96.03489	103.4584	114.9622	117.0742	116.3712	115.0089
2750	98.98551	106.1462	117.1212	119.1046	118.4445	117.1905
2900	101.9086	108.7987	119.2422	121.036	120.4493	119.3335
3050	104.8023	111.4142	121.2567	122.8986	122.3513	121.3682
3200	107.6645	113.991	123.1964	124.7234	124.2144	123.3274
3350	110.4932	116.5271	125.094	126.5094	126.0376	125.2436
3500	113.2861	119.0207	126.9484	128.2558	127.82	127.1159
3650	116.0408	121.4284	128.7587	129.9615	129.5606	128.943
3800	118.7546	123.7058	130.5236	131.6257	131.2583	130.7238
3950	121.3789	125.9305	132.2422	133.2472	132.9122	132.4572
4100	123.861	128.1001	133.9133	134.8252	134.5212	134.1421
4250	126.2854	130.2123	135.536	136.3587	136.0844	135.7773
4400	128.6485	132.2644	137.1091	137.8466	137.6007	137.3617
4550	130.9465	134.2541	138.6315	139.2879	139.0691	138.894
4700	133.1755	136.1786	140.1019	140.6814	140.4882	140.3728
4850	135.3314	138.0352	141.5191	142.026	141.857	141.797
5000	137.4097	139.8208	142.8818	143.3205	143.1742	143.165
5150	139.4059	141.5325	144.1887	144.5636	144.4386	144.4755
5300	141.3147	143.1669	145.4384	145.7542	145.6489	145.727
5450	143.1312	144.7206	146.6297	146.891	146.8039	146.9181
5750	146.465	147.5719	148.8308	148.9978	148.9421	149.1129
5900	147.9698	148.8619	149.8378	149.965	149.9226	150.1133
6050	149.3577	150.0562	150.7804	150.873	150.8422	151.047
6200	150.6214	151.1506	151.657	151.7203	151.6992	151.9121
6350	151.7534	152.1407	152.4659	152.5054	152.4922	152.7071
6500	152.7456	153.0219	153.2056	153.2267	153.2197	153.4299
6650	153.5893	153.7895	153.8742	153.8827	153.8799	154.079
6800	154.2755	154.4383	154.4702	154.4718	154.4712	154.6522
6900	155	155	155	155	155	155

　　与 Pipesim 计算结果的比较如图 5-9 所示。从图中可以看出：在开井初期(生产时间 1h)，根据本书模型计算的井口温度为 43.02℃，而 Pipesim 计算值为 78℃，可知本书模型计算的温降在开井初期较大，但随着生产时间的推进(由 1h 到 32h)，在径向上地层不断吸收流体热量，温度不断升高，且升高的幅度逐渐减缓，在生产时间达到 32 小时左右时，本书模型的温度预测曲线与 Pipesim 计算结果比较接近，此时认为温度达到一个稳定的状态。

　　与 H&K 模型计算结果的比较如图 5-10 所示。H&K 模型计算的值和 Pipesim 计算值比较相似，因为它们都认为井筒内流体传热为稳态过程。从图中可以看出：在开井初期(生产时间 1h)，根据本书模型计算的井口温度为 43.02℃，而 H&K 计算值为 76.43℃，两者计算的差值为 33.41℃；生产 16 小时后，本书模型计算的井口温度为 53.69℃，两者计算差值为 22.74℃；生产 32 小时后，本书模型计算的井口温度为 73.28℃，两者计算差值为 3.15℃。在 32 小时之后，本书模型计算的温度变化与 H&K 模型趋于一致，可认为本书模型计算的温度达到稳定状态。

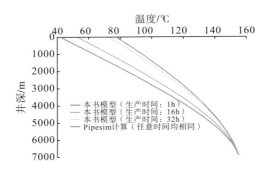

图 5-9　温度值对比（本书模型与 Pipesim 计算）

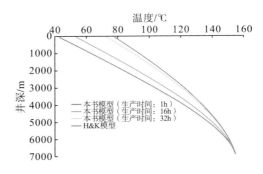

图 5-10　温度值对比（本书模型与 H&K 模型）

从图 5-9、图 5-10 可知，Pipesim 计算和 H&K 模型均低估了在开井初期流体向地层的散热量，导致结果与实际值相比偏大。

温度计算到达稳定时间后，计算温度与实测温度对比如图 5-11 所示。由图 5-11 可以看出，本书计算模型计算的井口温度与实测值比较接近，在生产时间为 1h 时，两者差值为 2.02℃；在生产时间为 16h 时，两者差值为 2.3℃；在生产时间为 32h 时，两者差值为 2.38℃。由此可知，本书模型预测的温度比较准确，可以满足工程要求。

计算压力与实测压力对比如图 5-12 所示。由图 5-12 可以看出，本书根据实际井口油压计算的井底流压值与实测值基本吻合，在刚开井时，两者差值为 1.3MPa；在生产 180 天后，两者差值为 1.8MPa；在生产 1400 天后，两者差值为 2.1MPa。因此可以认为本书模型预测的压力比较准确，满足精度要求。

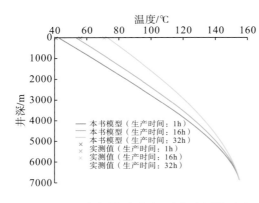

图 5-11　本书模型预测温度与实测值对比

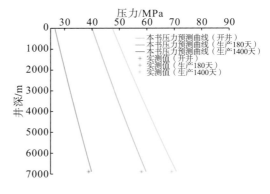

图 5-12　本书模型预测压力与实测值对比

5.3.2　井筒温度压力影响因素分析

对气井温度、压力影响较大的参数有：硫化氢含量、产水量、井斜角和温度等。下面通过表 5-8 及表 5-9 中的基础数据分别分析以上因素对气井温度、压力的影响。

表 5-8　生产数据

井深/ m	井口油压/ MPa	井底温度/ ℃	测点井口流温/ ℃	测点流动 压力/MPa	产气量/ ($10^4 m^3 \cdot d^{-1}$)	产水量/ ($m^3 \cdot d^{-1}$)
7099	33.31	153.52	43.6	49.5	29.52	5.0

表 5-9　天然气组成

组分	甲烷	乙烷	丙烷	其他	硫化氢	二氧化碳
组成/%	85	0.5	0.5	0	11.2	2.8

1. 硫化氢含量对温度压力的影响

高含硫化氢气体的存在是高含硫气井生产中特有的且不可避免的问题，它对温度、压力的影响主要体现在对气体比重的影响，同时硫化氢的含量越高，溶硫的能力越强。分别计算当硫化氢含量为 5%、10%、15% 时，井筒中压力、温度的剖面，计算结果如图 5-13、图 5-14 所示。

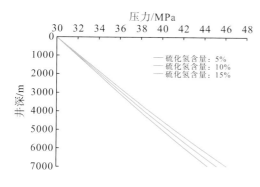

图 5-13　不同硫化氢含量对应的压力曲线

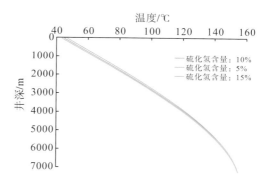

图 5-14　不同硫化氢含量对应的温度曲线

从图 5-13、图 5-14 可以看出，井筒的压力受硫化氢含量的影响比较明显，当硫化氢含量由 5% 提高至 15% 时，井筒中的压降增大，因为当硫化氢含量升高时，气体比重和相对密度变大，增大了井筒由于重力、动能和摩擦而产生的压降。且越靠近井底位置时，硫化氢含量对井筒压力的影响越大；但硫化氢含量对温度的影响不明显。

2．产水量对温度压力的影响

当气井产水后，井筒中的流体流动变得复杂，当气井产量较大时，井筒中呈现稳定的环雾流，大部分地层水以稳定的液膜形式存在于井壁周围，由于产水的增多，井筒中混合流体的密度、物性参数等均发生改变，同时液膜的存在也会加剧摩擦损失。因此，考虑不同产水量对温度、压力的影响，分别计算当产水量为 0、$10m^3 \cdot d^{-1}$ 和 $20m^3 \cdot d^{-1}$ 时，井筒中压力的剖面，计算结果如图 5-15 所示；分别计算当产水量为 $10m^3 \cdot d^{-1}$、$60m^3 \cdot d^{-1}$ 和 $120m^3 \cdot d^{-1}$ 时井筒的温度剖面，如图 5-16 所示。

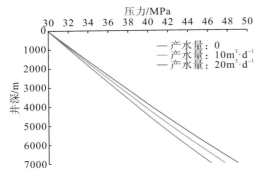

图 5-15　不同产水量对应的压力曲线

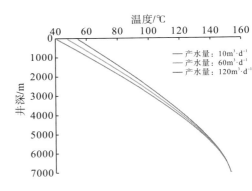

图 5-16　不同产水量对应的温度曲线

从图 5-15 可以看出，井筒的压力受产水量的影响比较明显，当气井由不产水状态变为日产水 $20m^3$ 之后，井筒压降会增大，且随着生产的进行差距会愈加明显。因为当井筒中产水量升高时，一方面增大了混合流体的密度，改变了流体的物性参数，增大了井筒由于重力、动能和摩擦而产生的压降；另一方面，产水量升高之后，井筒周围的液膜厚度增加，增大了摩阻系数，导致由于摩擦产生的压降增大，总压降也随着增大。

同时，由于水的比热明显大于气体组分的比热，当产水量升高，水占流体比例也随之升高，混合流体挟带的热量增大、比热增大，井筒中产生的温降会减小。如图 5-16 所示，当气井由不产水状态变为日产水 $120m^3$ 之后，井口温度会增大。

3．井型对温度、压力的影响

在非常规气藏开发中，生产气井的井筒类型一般有：垂直井、斜度井、水平井和定向井等。井筒的类型首先决定了井筒中硫颗粒的临界悬浮速度，影响井筒中流体的运动规律；其次，井斜角的增大改变了流体流动时重力和动能产生的压降，进而改变了总压降；最后，井斜角的改变也会导致温度分布的改变。针对以上特点，分别计算垂直井、大斜度井（最大井斜角 70°，井斜段 1000m）及水平井（最大井斜角 90°，水平段 1000m）井筒中压力、温度的剖面，计算结果如图 5-17、图 5-18 所示。

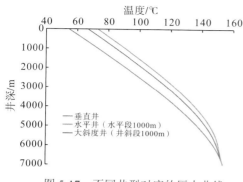

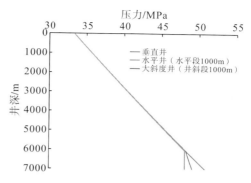

图 5-17　不同井型对应的压力曲线　　　图 5-18　不同井型对应的温度曲线

从图 5-17 可以看出，井筒的压力分布受井筒类型的影响程度十分明显，不同井筒在直井段的压降基本一致，但井斜角增大后，井筒中沿测深的压降明显减小，同等情况下，1000m 垂直段比 1000m 水平段产生的压降大，这是由于井筒中井斜角的增大改变了硫颗粒的运动形式，相同测深时，流体在井斜角较大的井筒中由重力和动能产生的压降减小。即在相同测深下，井斜角越大总压降越小。

从图 5-18 可以看出，同等情况下，1000m 垂直段比 1000m 水平段产生的温降大，这是由于井斜角增大之后，井筒中与地层之间的热传导致的散热及地温梯度带来的温降均有所减小，因此，井斜角越大时，温降越小。

4. 产量对温度压力的影响

分别计算产量为 $10\times10^4\text{m}^3\cdot\text{d}^{-1}$，$20\times10^4\text{m}^3\cdot\text{d}^{-1}$，$30\times10^4\text{m}^3\cdot\text{d}^{-1}$ 和 $50\times10^4\text{m}^3\cdot\text{d}^{-1}$ 时，井筒中压力、温度的剖面，计算结果如图 5-19、图 5-20 所示。

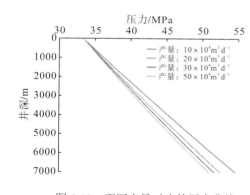

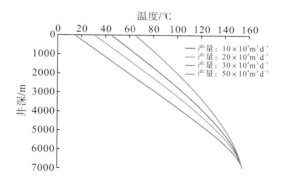

图 5-19　不同产量对应的压力曲线　　　图 5-20　不同产量对应的温度曲线

结合图 5-19、图 5-20 可以看出，当井筒中产量升高时，井筒中的温降明显减小，整体温度剖面增大，因此井筒中混合流体的密度减小，由此产生的重力压降减小，井筒中产生的压降也减小。

实际上，产量与井筒压降的关系并不是一定的，产量增大后，井筒的压降增大或减小取决于井筒中多相流的压降是主要受重力压降影响还是主要受摩阻和动能压降影响。当气井产量为 $15\times10^4\sim120\times10^4m^3\cdot d^{-1}$ 时，考察井底流压的变化，以稳定生产（100d）的流体举升所需压差（流体举升所需压差=井底流压-井口油压）为纵坐标，如图 5-21 所示。

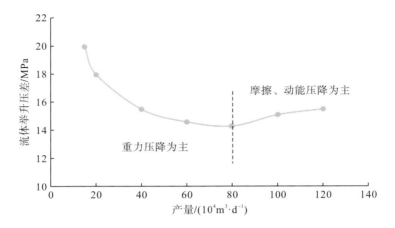

图 5-21　不同产气量下的井底流压对比

　　从图 5-21 中可以看出，随着产气量增加，井底流压呈现"先降低，后升高"的趋势。图中虚线对应的产气量为转折点，小于该产气量时，井筒压降主要以重力压降为主，增大产气量，持气率变大，混合流体密度降低，从而重力压降降低，则井筒压降减小；大于该产气量时，摩阻压降占井筒压降的比重升高，增大产气量，虽然重力压降继续降低，但由高速气流导致的摩阻压降和动能压降迅速升高，从而导致了井筒压降升高。

第6章 井筒硫沉积动态预测实例分析

温度、压力决定了各物性参数的大小,物性参数的改变又会引起流体流动规律的变化、硫的析出和沉积等,从而影响温度、压力的变化。因此,在建立物性参数方程和硫沉积规律模型的基础上将温度、压力预测模型耦合编程,通过实例验证模型的准确性并对硫沉积动态进行预测指导生产。

6.1 井筒温度压力耦合计算流程

6.1.1 耦合计算方法

数据耦合:当一个数据体访问另一个数据体时,若两个数据体之间的参数是相互影响、多场叠加的,则称这种问题为多场耦合问题。在高含硫气井的生产过程中,若把物性参数当成一个数据体,温度、压力场考虑为一个数据体并且将硫沉积模型认为是一个数据体,则这三个数据体之间就并非完全独立的模块,而是相互作用、多场耦合的问题,即温度、压力影响流体的运动状态、运动规律,从而改变其参数;反之,硫沉积规律也会对温度、压力产生一定的影响。因此,本书将上述三个部分进行耦合,通过给定初值、反复计算、校正精度的数学思想进行求解。

在实际的生产过程中,地层温度在钻井时测得,且地层温度一般不随生产时间的进行而有明显的升高和降低,但地层压力在开采一段时间后会大幅度衰减,在难以实施监测地层压力的情况下,本书选取井口压力和地层温度作为计算的初值。

6.1.2 耦合计算流程

1. 硫沉积动态预测

硫沉积的动态预测指在开井后或生产一段时间后,由现有数据作为初始状态,预测以后的一段生产时间内温度、压力的分布规律和硫沉积规律(包括硫析出时间、位置、日析出量和沉积位置沉积量等),以便提前做好调整生产的准备。

程序流程(图6-1):

(1)程序开始,参数输入。

(2)将井筒划分成若干的井段,以从井底至井口方向为正方向开始划分,并划分时间步。

(3) 在钻井时测得地层相关数据后，以该时刻计算的物性参数值为初值。

(4) 将步骤(3)的计算值作为第一天的温度、压力剖面；第 t 天的温度剖面初值由第 $t-1$ 天的计算结果给定。

(5) 本书程序计算顺序为先由井口计算至井底再反向计算,因此将实际生产资料测得的井口压力(准确值)和由地温梯度计算的井口温度(待校正值)作为初始值,计算压力分布情况：

①根据温度、压力计算第 i 段单元体内流体的物性参数和溶解度(根据模型的假设条件，认为在单元体内各处性质均一致)。

②判断溶解度和临界溶解度的相对大小关系，从而确定井筒中的流动相态；若有硫单质析出则根据温度判断硫呈现的相态(固态或液态)，即判断井筒内流体的流动状态为气-水两相、气-水-固硫多相或气-水-液硫多相流。

③当井筒处于多相流时首先判断流型，根据流型选择压力的计算公式，再计算硫的析出位置和析出量以及体积含固(液)率等参数，然后根据不同的井型对硫单质进行受力分析。若硫单质的临界悬浮速度大于气井混合流体的流速，则先进行硫沉积的动态预测计算，再进行步骤④的计算。若硫单质的临界悬浮速度小于混合流体流速，则直接进入步骤④的计算。

④判断井筒中存在的相态(单一气相、气-水两相、气-水-液硫或气-水-固硫多相)，再根据具体的流动特征计算压降得到 p_{i+1}。

⑤上一步骤中的压力值为初次计算值，在其精度不能满足要求且无法确定与实际值相比偏大或偏小时，将 p_{i+1} 和 p_i 取平均值并重复步骤①～④，将该值记为 p'_{i+1}。

⑥此时，在人为设定精度要求后(本书取允许误差为：1×10^{-6})，比较 p_{i+1} 和 p'_{i+1} 的大小，若两者的差值小于允许误差则认为 p'_{i+1} 的计算结果准确，进入步骤⑦的计算；若两者差值大于允许误差则将 p'_{i+1} 重新赋值给 p_{i+1} 并重复步骤④、⑤。

⑦完成第 i 段的压力计算之后，将该段出口处的压力值设为 $i+1$ 段单元体入口处的压力初值，并重复上述步骤。

⑧算至井斜角发生变化的位置时，应将该井段的井斜角值代入程序进行计算，重复上述步骤，当计算单元段 i 等于井底位置时停止计算，得到整体压力分布 p_{cur}。

(6) 温度剖面计算(该部分的压力初值 p_{ini} 由步骤(5)计算得到，温度初值 T_{ini} 由地层温度和地温梯度计算得到)：

①温度模型计算的基础是热力学参数，包括：导热系数、比热、热容以及传热系数等。因此根据初值首先计算热力学参数。

②根据传热学性质和本书的温度模型，首先计算 i 单元段的无因次温度，根据该式求得周围介质和地层的温度，并求得在该部分的散热量。通过散热量即可由本书模型得到 i 单元段出口处的温度，即 $i-1$ 单元段入口处的温度初值。

③从井底至井口不断计算，当 $i=1$，即到达井口位置时停止对温度的计算，得到该时刻的温度分布 T_{cur}。

(7) 对比 T_{cur}、T_{ini} 和 p_{cur}、p_{ini}，若它们之间的差值均小于允许误差则认为本次计算得到的 T_{cur}、p_{cur} 满足要求，此时对时间进行判断，若 t 未达到设定要求，则重复步骤(4)～(6)；

(8) 通过 MATLAB 保存工作区中的各参数，并做曲线分析温度、压力等随井深和时间的变化、各种参数的敏感性等；

(9)程序结束。

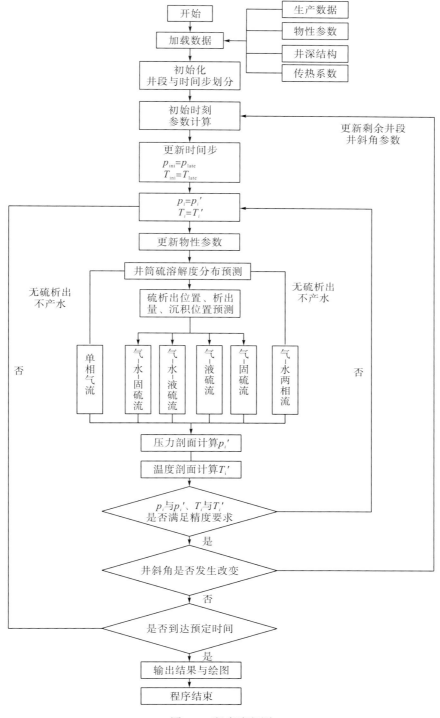

图 6-1　程序流程图

2. 地层压力衰减计算

地层压力衰减预测是在已知每一天井口压力、产量和产水量的基础上，计算该段生产时间的井底压力变化曲线，以便了解在这段生产时间内地层压力的变化情况，及时调整生产措施。

每一天的压力初值 p_{ini} 由生产资料给定动态变化值而非定值，且产气量和产水量均为已知的变化值，在此前提下按图 6-1 所示程序流程计算地层压力衰减曲线。

6.2   井筒硫沉积动态预测实例

1. YB-B 井（垂直井）

以国内 YB 气田的 YB-B 井的生产数据对其温度、压力和硫沉积进行预测。

该井基础数据及天然气组成分别见表 6-1 和表 6-2。根据实验室测定认为该井饱和硫溶解度为 $1.09g·m^{-3}$，根据 YB-B 井基本生产资料对已生产 600 天的井的井筒温度、压力进行预测，计算值如表 6-3 所示，压力、温度剖面图如图 6-2、图 6-3 所示。

表 6-1   生产数据

井深/m	井口油压/MPa	井底温度/℃	测点井口流温/℃	测点流动压力/MPa	日产气量/($10^4m^3·d^{-1}$)	日产水量/($m^3·d^{-1}$)
7099	33.31	153.52	43.6	49.5	29.52	5.0

表 6-2   YB-B 井天然气组成

组分	甲烷	乙烷	丙烷	其他	硫化氢	二氧化碳
组成/%	85	0.5	0.5	0	11.2	2.8

表 6-3   本书模型、Pipesim 计算值与实测值的对比

实测值		本书计算模型		Pipesim 计算值	
井口流温/℃	测点流动压力/MPa	井口流温/℃	测点流动压力/MPa	井口流温/℃	测点流动压力/MPa
43.6	49.5	41.97	51.02	48.3	52.03

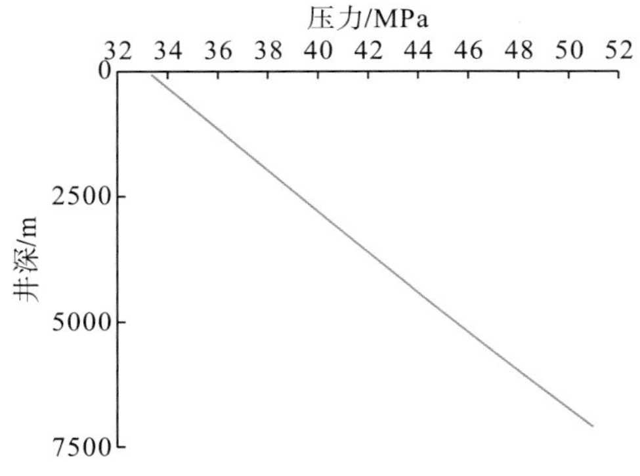

图 6-2   YB-B 井压力剖面

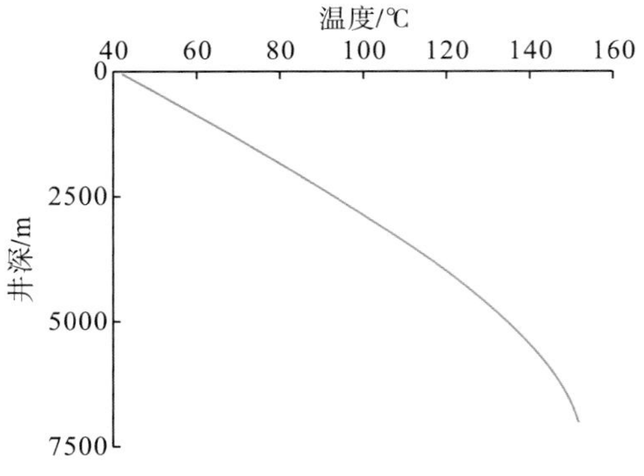

图 6-3   YB-B 井温度剖面

由表 6-3 可知，针对国内 YB 气藏，本书模型对该气藏垂直井的温度预测也同样准确；同时，在计算压力时综合考虑了温度、混合流体流动规律及硫沉积后硫垢对压降的影响，因此压力模型的预测精度也很高。利用该模型对该井稳定生产后的硫析出位置及日析出量进行预测，如图 6-4 所示。

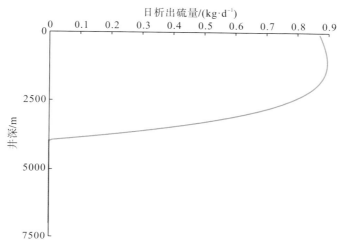

图 6-4　YB-B 井硫析出位置及日析出量

由图 6-4 可知，该井在井深 3800m 处时，硫开始析出，由图 6-3 的温度剖面可知，该井在 3800m 处对应的温度为 110℃，硫析出后从该位置直至井口部分硫单质均呈硫颗粒状。对硫析出后硫颗粒的临界悬浮速度和气井气体流速作对比并预测硫沉积位置，如图 6-5、图 6-6 所示。

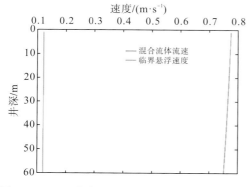

图 6-5　YB-B 井硫颗粒临界悬浮速度和气体流速

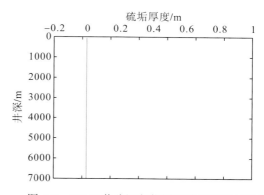

图 6-6　YB-B 井硫沉积位置及硫垢厚度示意图

结合图 6-5 和图 6-6 可知，本书模型预测该井有硫析出但不会发生沉积，这是因为该井的产量很大，混合流体的流速远大于硫颗粒的临界悬浮速度，所以硫颗粒析出后会随着混合流体运动至井口。由实际数据可知，该井实际面临着硫析出问题但并未遇到硫沉积问题，表明该模型预测结果与实际情况相符。

对该井开井至生产 1500 天内硫的析出位置及日析出量进行预测，如图 6-7 所示。

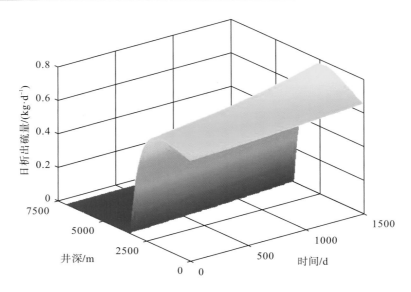

图 6-7   YB-B 井硫析出位置及日析出量动态预测

由图 6-7 可以看到不同井深位置、不同时间的硫析出量以及硫析出位置的变化，可以看出，硫的日析出量随着生产进行而逐渐增加，且在生产 1500 天后随地层压力的逐渐衰竭，析出位置由 3500m 降低至 4200m。

结合该井的生产史(因数据过多，仅选取每月其中一天的数据)，由油压、产水量和产水量随时间的变化关系，计算该井自生产以来井底压力的变化，数据如表 6-4 所示。

表 6-4   生产记录

日期	日产气量/10⁴m³	日产水量/m³	油压/MPa	井底压力/MPa	压降/MPa
2016/11/30	15.2542	4.03	44.41	70.97513	26.57
2016/12/30	31.0235	8.46	41.99	67.12749	25.14
2017/1/30	29.7354	8.19	41.44	66.25321	24.81
2017/2/28	30.6453	7.37	40.15	64.20298	24.05
2017/3/30	30.0349	7.47	41.13	65.76047	24.63
2017/4/30	29.6548	6.73	40.5	64.7592	24.26
2017/5/30	34.1004	7.98	39.09	62.51869	23.43
2017/6/30	30.4912	5.22	38.71	61.91497	23.20
2017/7/30	29.7015	5.16	38.9	62.21683	23.32
2017/8/30	30.9305	7.34	38.2	61.10482	22.90
2017/9/30	30.0213	5.92	38.31	61.27954	22.97
2017/10/30	29.7752	4.70	38.74	61.96263	23.22
2017/11/30	26.4021	4.02	37.47	59.94534	22.48
2017/12/30	30.6791	4.49	37.22	59.54832	22.33
2018/1/31	30.1047	4.68	36.97	59.15132	22.18

续表

日期	日产气量/10^4m^3	日产水量/m^3	油压/MPa	井底压力/MPa	压降/MPa
2018/2/28	30.1123	5.11	36.89	59.02428	22.13
2018/3/30	30.3471	4.32	36.46	58.34151	21.88
2018/4/30	30.0429	3.42	36.22	57.96047	21.74
2018/5/30	30.0109	4.47	36.13	57.81759	21.69
2018/6/30	35.0312	6.13	34.83	55.75413	20.92
2018/7/30	35.9805	7.04	35.08	56.15088	21.07
2018/8/30	34.0964	6.05	34.92	55.89696	20.98
2018/9/30	31.8512	4.42	34.51	55.24636	20.74
2018/10/30	27.2733	3.78	33.83	54.16751	20.34
2018/11/29	28.2698	4.78	33.64	53.86611	20.23

地层压力的变化如图 6-8 所示。

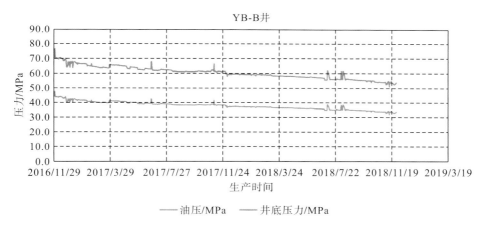

图 6-8　油压与井底压力的变化

由图 6-8 可知,该井自 2016 年 11 月开井以来到 2018 年 11 月底,井底压力由 70.97MPa 降至 53.87MPa,一共衰减了 17.1MPa。沿井筒部分的压降从 26.57MPa 降低为 20.23MPa。可见随生产进行,地层压力不断衰减,但流体沿井筒流动产生的压将随生产进行而减小。

2. YB-D 井(水平井)

选取国内 YB 气田的 YB-D 井(水平井,水平段 1000m)的生产数据对其温度、压力和硫沉积进行预测。

该井基础数据及天然气组成分别见表 6-5 和表 6-6。在井底条件下测得气体中初始含硫量为 $1.09g\cdot m^{-3}$,根据 YB-B 井基本生产资料对已经生产 1000 天的井的井筒温度、压力进行预测,数据计算值如表 6-7 所示,压力、温度剖面图如图 6-9、图 6-10 所示。

表 6-5　生产数据

井深 (测深)/m	井口油压 /MPa	井底温度 /℃	测点井口 流温/℃	测点流动 压力/MPa	产气量/ $(10^4 m^3 \cdot d^{-1})$	产水量/ $(m^3 \cdot d^{-1})$
7650	25.53	157	62.2	39.5	52.05	15.72

表 6-6　YB-D 井天然气组成

组分	甲烷	乙烷	丙烷	其他	硫化氢	二氧化碳
组成/%	87	0.5	0.5	0	9.2	2.8

表 6-7　本书模型、Pipesim 计算值与实测值的对比

实测值		本书计算模型		Pipesim 计算值	
井口流温/℃	测点流动压力/MPa	井口流温/℃	流动压力/MPa	井口流温/℃	测点流动压力/MPa
62.2	39.5	60.6	40.0	68.3	42.3

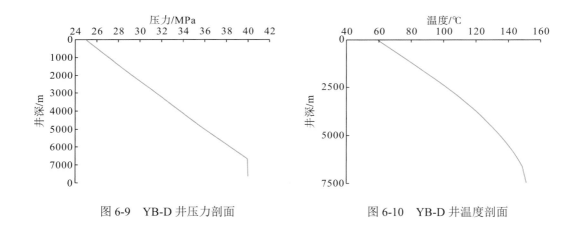

图 6-9　YB-D 井压力剖面　　　　　　图 6-10　YB-D 井温度剖面

如图 6-9 和图 6-10 所示，水平井和斜度井由于井身结构的特殊性，温度和压力的变化与垂直井有区别，在流体流经水平段和直井段的过程中，温降和压降的变化幅度差异较大。

当井段到达水平段后，井筒中的压降急剧变小，这是由于水平段井斜角减小，流体产生的重力压降变小。由实测井底压力 39.5MPa 和计算井底压力 40MPa 可知，本书模型对水平井的压力预测准确。由实测井口温度 62.2℃ 和本书模型计算温度 60.6℃ 可知，本书模型对于水平井的温度预测准确。

由图 6-11 可知，该井在距井口 4700m 左右的位置硫开始析出，但在该位置处温度较高，硫析出后呈液硫状态，到达 3750m 附近时，液硫逐渐转变为固硫。对硫析出后的硫单质临界悬浮速度和气井气体流速作对比并预测硫沉积位置，如图 6-12、图 6-13所示。

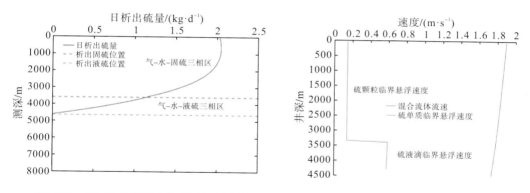

图 6-11　YB-D 井硫析出位置及日析出量　　　　图 6-12　YB-D 井硫颗粒临界悬浮速度和气体流速

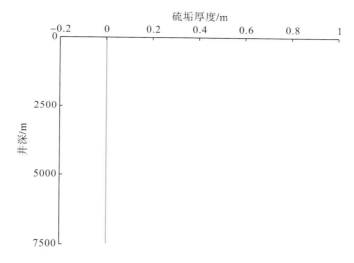

图 6-13　YB-D 井硫沉积位置及硫垢厚度示意图

　　结合图 6-12 和图 6-13 可知，本书模型预测该井在 4700m 处有硫析出，且析出后呈液态，在到达 3750m 处转变为固态。但析出后并不会发生沉积，这是因为该井的产量很大，混合流体的流速远大于硫颗粒和硫液滴的临界悬浮速度，所以硫析出后会随着混合流体运动至井口。由实际数据可知，该井实际面临着硫析出的问题但并未遇到硫沉积问题，表明该模型不仅对垂直井的预测有效，同时对水平井的预测也与实际情况相符。

　　对该井开井至生产 3000 天内硫的析出位置及日析出量进行预测，如图 6-14 所示。

　　由图 6-14 可以看出，YB-D 井硫的日析出量随着生产进行而逐渐增加，且在生产 3000 天后随地层压力的逐渐衰竭，析出位置由 4000m 降低至 5100m。

　　结合该井的生产史，选取每年 6 月和 12 月其中一天的数据，由油压、产气量和产水量随时间的变化关系，计算该井自生产以来井底压力的变化，结果如表 6-8 所示。

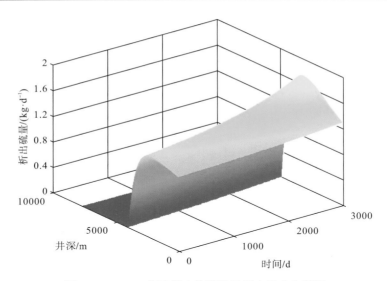

图 6-14 YB-D 井硫析出位置及日析出量动态预测

表 6-8 生产记录

日期	日产气量/(10⁴m³)	日产水量/m³	油压/MPa	井底压力/MPa	压降/MPa
2014/12/31	47	9.1	45.87	72.93	27.06
2015/6/30	63.57	10.67	41.71	66.39	24.68
2015/12/30	55.36	10.46	40.49	64.47	23.98
2016/6/30	52.64	9.08	36.87	58.79	21.92
2016/12/31	46.90	10.16	36.47	58.16	21.69
2017/6/15	4.01	0.64	32.5	51.95	19.45
2017/12/31	59.06	12.25	28.54	45.79	17.25
2018/6/30	58.1869	14.05	25.4	40.93	15.53
2018/11/27	52.1057	15.44	25.1	40.47	15.37

地层压力衰减曲线如图 6-15 所示。

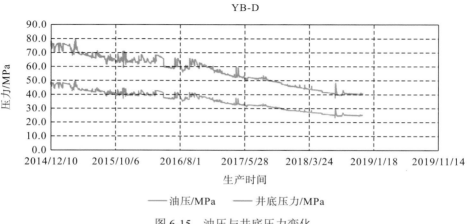

图 6-15 油压与井底压力变化

由图 6-15 可知,该井自 2014 年 12 月开井以来到 2018 年 11 月底,井底压力由 72.93MPa 降至 40.47MPa,一共降低了 32.46MPa。流体沿井筒流动产生的压降由 27.06MPa 降低至 15.37MPa。地层压力越低,井筒中由于流体流动产生的压降越小。

3.YB-E 井(大斜度井)

以国内 YB 气田的 YB-E 井(大斜度井,斜井段 750m,最大井斜角 84°)的生产数据对其温度、压力和硫沉积进行预测。该井基础数据及天然气组成分别见表 6-9 和表 6-6。在井底条件下测得气体中初始含硫量为 1.09g·m⁻³,根据 YB-E 井基本生产资料对已生产 1400 天的井的井筒温度、压力进行预测,数据计算值如表 6-10 所示。

在井底条件下测得气体中初始含硫量为 $1.09\mathrm{g\cdot m^{-3}}$,根据 YB-E 井基本生产资料对已生产 1400 天的井的井筒温度、压力进行预测,数据计算值如表 6-10 所示。

表 6-9　生产数据

井深(测深)/m	井口油压/MPa	井底温度/℃	测点井口流温/℃	测点流动压力/MPa	产气量/($10^4\mathrm{m^3\cdot d^{-1}}$)	产水量/($\mathrm{m^3\cdot d^{-1}}$)
7100	24.33	155	64.4	40	49.57	11.2

表 6-10　本书模型、Pipesim 计算值与实测值的对比

实测值		本书计算模型		Pipesim 计算值	
井口流温/℃	测点流动压力/MPa	井口流温/℃	测点流动压力/MPa	井口流温/℃	测点流动压力/MPa
64.4	40	64.35	38.52	67.5	42.5

斜度井温度和压力的变化与直井的区别主要体现在斜井段的温度、压力降低值均比直井段小,这是由于在斜井段重力产生的压降较小,由于地温梯度的影响其温降也比直井段小。YB-E 井的压力、温度剖面如图 6-16 和图 6-17 所示。

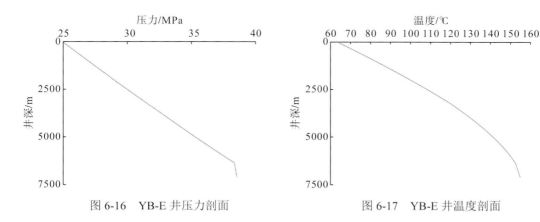

图 6-16　YB-E 井压力剖面　　　　　　　　图 6-17　YB-E 井温度剖面

当到大斜度井的斜井段后,井筒中的压降(沿测深)变小,这是由于斜井段斜角减小,流体产生的重力压降变小。由于井斜角越大井筒压降越小,所以井斜段的压降减小幅度比水平井段小。由实测井底压力 40MPa 和计算井底压力 38.52MPa 可知,本书模型对斜度井

的压力预测也同样准确。井斜角的变化也会使温度降低趋势变缓，由实测井口温度 64.4℃和计算井口温度 64.35℃可知，本书模型对于大斜度井的温度预测准确，且预测精度较高。

由图 6-18 可知，该井在距井口 4300m 左右位置处硫开始析出，但在该位置处温度较高，硫析出后呈液硫状态，到达 3300m 附近时，液硫逐渐转变为固硫。对硫析出后的硫单质临界悬浮速度和气井气体流速作对比并预测硫沉积位置，如图 6-19、图 6-20 所示。

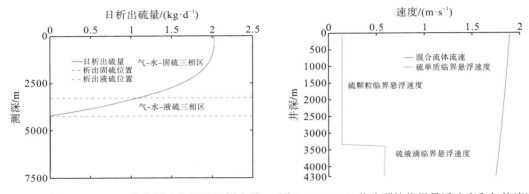

图 6-18 YB-E 井硫析出位置及日析出量   图 6-19 YB-E 井硫颗粒临界悬浮速度和气体流速

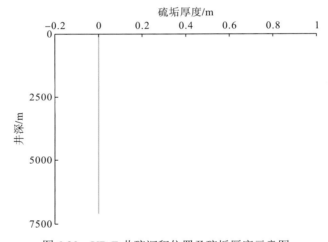

图 6-20 YB-E 井硫沉积位置及硫垢厚度示意图

结合图 6-19 和图 6-20 可知，本书模型预测该井在 4300m 处有硫析出，且析出后呈液态，在到达 3300m 处转变为固态。但析出后并不会发生沉积，这是因为该井的产量很大，混合流体的流速远大于硫颗粒和硫液滴的临界悬浮速度，所以硫析出后会随着混合流体运动至井口。由实际数据可知，该井实际面临着硫析出的问题但并未遇到硫沉积问题，表明本书模型不仅对垂直井、水平井的预测有效，同时对斜度井的预测也与实际情况相符。

对该井自开井至生产 3000 天内硫的析出位置及日析出量进行预测，如图 6-21 所示。

由图 6-21 可以看出，YB-E 井硫的日析出量随着生产进行而逐渐增加，且在生产 3000天后随地层压力的逐渐衰竭，析出位置由 3750m 降低至 5050m。

结合该井的生产史,由油压、产气量和产水量随时间的变化关系,计算该井自生产以来井底压力的变化情况,如表 6-11 所示。

地层压力衰减曲线如图 6-22 所示。

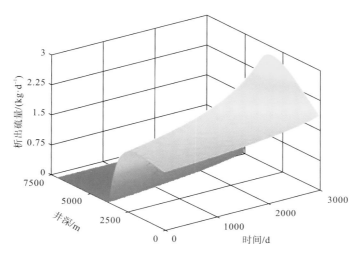

图 6-21　YB-E 井硫析出位置及日析出量动态预测

表 6-11　生产记录

日期	日产气量/(10⁴m³)	日产水量/m³	油压/MPa	井底压力/MPa	压降/MPa
2014/12/23	11.6700	11.16	45.99	70.91651	24.93
2015/6/30	63.78	7.77	41.87	64.62761	22.76
2015/12/31	24.36	21.00	15.10	24.64133	9.54
2016/6/30	43.10	9.31	37.45	57.89125	20.44
2016/12/31	57.24	9.16	35.67	55.18316	19.51
2017/6/30	54.75	9.83	31.5	48.85463	17.35
2017/12/31	57.13	10.28	29.92	46.46444	16.54
2018/6/30	50.0856	11.33	26.07	40.66747	14.60
2018/11/23	50.2023	10.7	24.29	38.00562	13.72

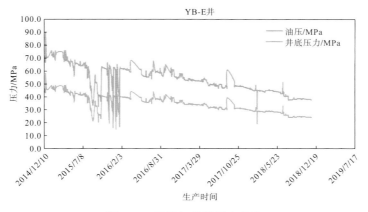

图 6-22　油压与井底压力变化

由图6-22可知，该井自2014年12月开井以来到2018年11月底，井底压力由72.93MPa降至40.47MPa，一共降低了32.46MPa。流体沿井筒流动产生的压降由27.06MPa降低至15.37MPa。

参 考 文 献

卞小强, 杜志敏, 陈静, 等. 2009. 一种关联元素硫在酸性气体中的溶解度新模型[J]. 石油学报(石油加工), 25(6): 889-895.

蔡利华. 2018. 基于温度压力耦合的井筒腐蚀寿命预测[D]. 荆州: 长江大学.

常彦荣, 张亮, 李治平, 等. 2018. 温度-压力耦合计算井底积液高度方法研究[J]. 内蒙古石油化工, 44(10): 13-17.

陈廣良. 1990. 含硫气井的硫沉积及其解决途径[J]. 石油钻采工艺, (5): 73-79.

陈亮, 袁恩来, 孙雷. 2014. 基于 BP 神经网络的含 CO2 天然气偏差因子预测[J]. 断块油气田, (3): 335-338.

陈林, 余忠仁. 2017. 气井非稳态流井筒温度压力模型的建立和应用[J]. 天然气工业, 37(3): 70-76.

陈维枢. 1998. 超临界流体萃取的原理和应用[M]. 北京: 化学工业出版社.

陈新志, 蔡振云, 胡望明. 2001. 化工热力学[M]. 北京: 化学工业出版社.

邓惠, 杨洪志, 姚宏宇, 等. 2017. 超深高压高含硫气藏治水对策研究[J]. 重庆科技学院学报(自然科学版), 19(3): 35-38.

杜志敏. 2008. 高含硫气藏流体相态实验和硫沉积数值模拟[J]. 天然气工业, (4): 78-81, 144-145.

杜志敏. 2006. 国外高含硫气藏开发经验与启示[J]. 天然气工业, 26(12): 35-37.

樊普, 孟洋, 贾斗南. 2005. 水和水蒸气物性参数计算程序开发[J]. 沈阳工程学院学报: 自然科学版, (3): 30-34.

付德奎, 郭肖, 杜志敏. 2011. 高含硫气井井筒硫沉积位置预测模型研究[J]. 西南石油大学学报(自然科学版), 33(2): 129-132.

谷明星, 里群, 邹向阳, 等. 1993. 固体硫在超临界/近临界酸性流体中的溶解度(Ⅰ)实验研究[J]. 化工学报, 1993, 44(3): 321-327.

郭建春, 曾冀. 2015. 超临界二氧化碳压裂井筒非稳态温度-压力耦合模型[J]. 石油学报, 36(2): 203-209.

郭平, 涂汉敏, 汪周华, 等. 2017. 基于 CPA 状态方程计算水的热力学物性参数[J]. 天然气工业, 37(3): 56-61.

郭平. 2004. 油气藏流体相态理论与应用[M]. 北京: 石油工业出版社.

郭天民. 2002. 多元气-液平衡和精馏[M]. 北京: 石油工业出版社.

郭肖, 王彭. 2017. 含水对普光酸性气田流体物性的影响[J]. 天然气地球科学, 28(7): 1054.

郭肖. 2014. 高含硫气藏水平井产能评价[M]. 武汉: 中国地质大学出版社.

郭肖. 2014. 高含硫气井井筒硫沉积预测与防治[M]. 武汉: 中国地质大学出版社.

郭肖. 2015. 考虑非达西作用的高含硫气井近井地带硫饱和度预测模型[J]. 天然气工业, 35(4): 40-44.

韩岐清, 李明忠, 陈文徽, 等. 2016. 大斜度井水力携砂技术及其优化[J]. 石油学报, 37(S2): 117-121.

贾莎. 2012. 高含硫气井井筒温度压力分布预测模型[D]. 成都: 西南石油大学.

金永进, 林伯韬, 王如燕, 等. 2018. 注 N_2 井井筒温度压力耦合下的井底流压计算[J]. 石油钻采工艺, 40(04): 489-493.

金智荣. 2008. 普光气田井筒硫沉积预测研究[D]. 成都: 西南石油大学.

李波, 甯波, 苏海洋, 等. 2014. 产水气井井筒温度压力计算方法[J]. 计算物理, (5): 573-580.

李士伦. 2008. 天然气工程[M]. 北京: 石油工业出版社.

李长俊, 刘刚, 贾文龙. 2018. 高含硫天然气输送管道内硫沉积研究进展[J]. 科学通报, 63(9): 816-827.

里群, 谷明星, 陈卫东, 等. 1994. 富硫化氢酸性天然气相态行为的实验测定和模型预测[J]. 高校化学工程学报, 8(3): 209-215.

廖传华, 周勇军. 2007. 超临界流体技术及其过程强化[M]. 北京: 中国石化出版社.

林海潮. 1992. 特高含 H2S 气井开采过程中可能发生的相态变化及其影响[J]. 腐蚀科学: 防护技术, 4(4): 308-311, 320.

刘锦. 2017. 高含硫气井井筒温度—压力预测[D]. 成都: 西南石油大学.

龙军, 王仁安, 范耀华. 1988. 超临界流体萃取的平衡溶解度[J]. 化工学报, 2: 190-197.

马海乐, 吴守一, 陈钧, 等. 1996. 固体物质在超临界流体中的溶解度进展[J], 江苏理工大学学报, 17(3): 12-18.

梅海燕. 2003. 石油开采中的有机固相沉积机理与热力学模型研究[M]. 四川: 四川科学技术出版社.

谭飞, 杨基础, 沈忠耀, 等. 1989. 超临界流体中物质溶解度的研究[J], 化工学报, 4: 18-25.

田永生, 陈听宽. 1993. 水和水蒸气热力学物性参数及导数的计算与应用[J]. 应用力学学报, 1(3): 19-25.

童景山. 1995. 化工热力学[M]. 北京: 清华大学出版社.

徐朝阳. 2015. 井筒多相流瞬态流动数值算法及响应特征研究[D]. 成都: 西南石油大学.

薛秀敏, 李相方, 吴义飞, 等. 2006. 高气液比气井井筒温度分布计算方法[J]. 天然气工业, (5): 102-104.

杨继盛. 1992. 采气工艺基础[M]. 北京: 石油工业出版社.

杨晓鸿, 张顺喜, 朱薇玲. 2016. 天然气黏度精确计算新模型[J]. 天然气工业, 36(12): 113-118.

杨学锋, 胡勇, 钟兵, 等. 2009a. 高含硫气藏中元素硫沉积形态和微观分布研究[J]. 西南石油大学学报(自然科学版), 31(6): 97-100, 213.

杨学锋, 黄先平, 钟兵, 等. 2009b. 高含硫气体中元素硫溶解度实验测定及计算方法研究[J]. 天然气地球科学, 20(3): 416-419.

杨雪山, 李胜, 鄢捷年, 等. 2014. 水平井井筒温度场模型及 ECD 的计算与分析[J]. 钻井液与完井液, 31(5): 63-66, 100.

杨志伦. 2007. 含水气井井筒压力计算方法[J]. 油气井测试, 16(4): 4-5, 7, 75.

曾平, 杨满平, 胡海燕, 等. 2005. 硫在天然气中的溶解机理实验研究[J]. 天然气工业, 25(4): 31-33.

曾平, 赵金洲, 李治平, 等. 2005. 硫在天然气中的溶解度实验研究[J]. 西南石油学院学报, 27(1): 67-69.

张地洪, 王丽, 张义, 等. 2005. 高含硫气藏取样技术探讨[J]. 天然气勘探与开发, 28(1): 41-43, 59.

张地洪, 王丽, 张义, 等. 2005. 罗家寨高含硫气藏相态实验研究[J]. 天然气工业, 25(s1): 86-88.

张镜澄. 2000. 超临界流体萃取[M]. 北京: 化学工业出版社.

张立侠, 郭春秋. 2019. 天然气偏差因子计算新方法[J]. 石油与天然气化工, 48(1): 91-98.

张卫兵. 2006. 含硫天然气硫磺溶解度研究[M]. 北京: 中国石油大学(北京).

张勇, 杜志敏, 杨学锋. 2006. 高含硫气藏气-固两相多组分数值模拟[J]. 天然气工业, 26(8): 93-95.

赵秋阳, 王晔春, 邹遂丰, 等. 2018. 井筒内超临界水流动传热特性数值研究[J]. 工程热物理学报, 39(10): 2213-2218.

朱自强, 徐汛合. 1996. 化工热力学[M]. 北京: 化学工业出版社.

朱自强, 姚善泾, 金彰礼. 1990. 流体相平衡原理及其应用[M]. 杭州: 浙江大学出版社.

朱自强. 2000. 超临界流体技术—原理和应用[M]. 北京: 化学工业出版社.

邹向阳. 1992. 超临界/近临界流体-固体体系的相态研究[M]. 东营: 中国石油大学出版社.

邹啁. 2014. 产水凝析气井井筒积液分析[D]. 荆州: 长江大学.

Aziz K, Govier G W, Fogarasi M. 1972. Pressure drop in wells producing oil and gas[J]. Journal of Canadian Petroleum Technology, 11(3): 38-48.

Brunner E, Place J M C, Woll W H. 1988. Sulfur solubility in sour gas[J]. Journal of Petroleum Technobgy, 40(12): 1587-1592.

Brunner E, Woll W. 1980. Solubility of sulfur in hydrogen sulfide and sour gases[J]. Society of Petroleum Engineers Journal, 20(5): 377-384.

Chrastil J. 1982. Solubility of solids and liquids in supercritical gases[J]. Journal of Physical Chemistry, 86(15): 3016-3021.

Dukler A E, Taitel Y. 1986. Flow Pattern Transitions in Gas-Liquid Systems: Measurement and Modeling//Hewitt G F, Delhaye J M, Zuber N. Multiphase Science and Technology. Berlin, Heidelberg: Springer.

Dukler A E, Taitel Y. 1986. Flow pattern transitions in gas-liquid systems: measurement and modeling[J]. Multiphase Science & Technology.

Gu M X, Li Q, Zhou S Y, et al. 1993. Experimental and modeling studies on the phase behavior of high H_2S-content natural gas mixtures[J]. Fluid Phase Equilibria, 82: 173-182.

Guo X, Zhou X, Zhou B. 2015. Prediction model of sulfur saturation considering the effects of non-Darcy flow and reservoir compaction[J]. Journal of Natural Gas Science & Engineering, 22: 371-376.

Hagedorn A R, Brown K E. 1965. Experimental study of pressure gradients occurring during continuous two-phase flow in small-diameter vertical conduits[J]. Journal of Petroleum Technology, 17(4): 475-484.

Hasan A R, Kabir C S. 1986. A Study of Multiphase Flow Behavior in Vertical Oil Wells: Part I-Theoretical Treatment[C]. SPE California Regional Meeting, Oakland, CA, 2-4 April 1986.

Hasan A R, Kabir C S. 1991. Heat transfer during two-Phase flow in Wellbores; Part Information temperature[C]. SPE Annual Technical Conference and Exhibition. Society of Petroleum Engineers: 469-478.

Hasan A R, Kabir C S. 1994. Aspects of wellbore heat transfer during two-phase flow(includes associated papers 30226 and 30970)[J]. SPE Production & Facilities, 9(3): 211-216.

Hu J H, Zhao J Z, Wang L, et al. 2014. Prediction model of elemental sulfur solubility in sour gas mixtures[J]. Journal of Natural Gas Science and Engineering, 18: 31-38.

Hyne J B. 1968. Study aids prediction of sulfur deposition in sour-gas wells[J]. Oil and Gas Journal, 12: 995.

Hyne J B. 1983. Controlling sulfur deposition in sour gas wells[J]. World Oil(United States), 197(2): 35.

Kennedy H T, Wieland D R. 1960. Equilibrium in the methane-carbon dioxide-hydrogen sulfide-sulfur system[J]. Pet. Trans. AIME, 219: 166.

Lewis L C, Fredericks W J. 1968. Volumetric properties of supercriticalhydrogen sulfide[J]. J. Chem. Eng. Data, 13: 482-485.

Li Q, Guo T M. 1991. A study on the supercompressibility and compressibility factors of natural gas mixtures[J]. Journal of Petroleum Science and Engineering, 6(3): 235-247.

Orkiszewski J. 1967. Prediction of two-phase pressure drops invertical pipe[J]. Journal of Petroleum Technology, (6): 829-838.

Ramey H J. 1962. Wellbore heat transmission[J]. Journal of Petroleum Technology, 14(4): 427-435.

Reynolds O. 1883. An experimental investigation of the circumstances which determine whether the motion of water shall be direct or sinuous, and of the law of resistance in parallel channels[J]. Proceedings of the Royal Society of London, 35(224-226): 84-99.

Roberts B E. 1997. The Effect of Sulfur Deposition on Gaswell Inflow Performance[J]. SPE Reservoir Engineering, 12(2): 118-123.

Roof J G. 1971. Solubility of sulfur in hydrogen sulfide and in carbon disulfide at elevated temperature and pressure[J]. Society of Petroleum Engineers Journal, 11(3): 272-276.

Schlumberger M, Perebinossoff A A, Doll H G. 1937. Temperature measurements in oil wells[J]. Journal of Petroleum Technologists, 23: 159.

Sun C Y, Chen G J. 2003. Experimental and modeling studies on sulfursolubility in sour gas[J]. Fluid Phase Equilibria, 214: 187-195.

Tuller W N. 1954. The Sulfur Data Book[M]. New York: McGraw-Hill.

Wichert E, Aziz K. 1972. Calculation of Z's for sour gases[J]. Hydrocarbon Processing, 51(5)119-121.

Zhang H Q, Sarica C. 2006. Unified modeling of gas/oil/ water-pipe flow-basic approaches and preliminary validation[C]. SPE 95749.